2014年版

火力发电厂
化学水处理实用技术

巩耀武　管炳军　编

中国电力出版社
CHINA ELECTRIC POWER PRESS

内容提要

本书主要内容为天然水及水质预处理，阴阳离子交换、电渗析。重点介绍了超滤、反渗透、EDI工艺及它们在实际生产中的运行及故障分析处理，并对热力系统的防腐防垢、循环水处理和热力系统的化学检测、分析及常用工业药品的分析签定方法作了一定的介绍。

本书特别适用于地方火力发电厂从事电厂化学水处理专业的工作人员参考使用，大型火力发电厂安装超滤、反渗透和EDI设备有关技术人员也可以参考本书。

图书在版编目（CIP）数据

火力发电厂化学水处理实用技术/巩耀武，管丙军编. —北京：中国电力出版社，2006.8（2022.4 重印）
ISBN 978-7-5083-4367-9

Ⅰ. 火… Ⅱ. ①巩… ②管… Ⅲ. 火电厂-电厂化学-水处理 Ⅳ. TM621.8

中国版本图书馆 CIP 数据核字（2006）第 045955 号

中国电力出版社出版、发行

（北京市东城区北京站西街 19 号 100005 http://www.cepp.sgcc.com.cn）
三河市百盛印装有限公司印刷
各地新华书店经售

*

2006 年 8 月第一版　　2022 年 4 月北京第七次印刷
787 毫米×1092 毫米　16 开本　12.75 印张　283 千字
印数 10001—10500 册　定价 40.00 元

　　随着国民经济的飞速发展和现代科学技术的进步，作为工农业生产的先行官——电力工业更是突飞猛进，大小火力发电厂遍布全国各地，尤其是小热电如雨后春笋般建成。作为火力发电厂的重要专业化学水处理技术更是走在科学技术的前沿，特别是进入 21 世纪、具有世界先进水平的全膜脱盐技术在我国先后投入使用。

　　但是，电厂化学水处理资料和培训教材大多引用较早的资料编制，通用水处理教材主要是混凝和阴、阳离子交换技术，对反渗透和 EDI 介绍很少。所以对电厂化学工作人员来讲，还没有系统的，从混凝—过滤—电渗析预脱盐、反渗透预脱盐—阴、阳离子交换、EDI 全除盐作全面介绍的培训资料。

　　另外，全国各地各个（热）电厂，由于地区不同，采用的水源也不同，水源水质有很大差别，不能采用统一的水处理方式，特别是采用地表水，如水库、江、河、湖、浅井水作为水源的发（热）电厂，原水中的有机物、胶体、微生物污染是制约电厂化学水处理工作的重要问题，往往使水处理工作人员困惑不解。

　　为了进一步提高广大电厂化学工作人员的业务水平，编者编制这本书，并系统的从天然水中的杂质—混凝—过滤—电渗析、反渗透预脱盐—阴、阳离子交换、EDI 技术和热力系统的水汽化学监督工作作一介绍，供从事发（热）电厂化学水处理工作人员作参考和学习。特别是地方火力发（热）电厂，其水处理、水汽监督和汽轮机循环冷却水处理共同承担，不像电力系统一样分工负责。故本教材特别适用于地方小型发（热）电厂化学水处理工作人员。

2005 年 10 月

前言

第二篇　　炉内水处理及水汽监督

第三篇　　汽轮机循环冷却水处理

第一篇

炉外水处理

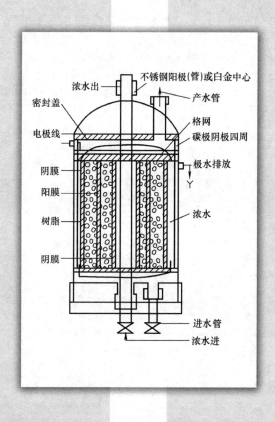

第一章 概 论

一、火力发电厂化学水处理的发展概况

随着国民经济的飞速发展和科学技术的不断提高，火力发电厂水处理技术也越来越先进，特别是改革开放以来，具有国际先进水平的全膜脱盐技术在我国逐步推广使用。纵观我国电厂化学水处理技术的发展史如下：

20世纪50年代主要采用的是石灰软化、磺化煤处理技术。

60年代主要采用阳离子钠交换或氢—钠水质软化技术。

70年代主要采用阴、阳离子交换+混床除盐技术。

80年代弱酸、弱碱、强酸、强碱或电渗析预脱盐+混床等离子交换水处理技术。

90年代采用了超滤+反渗透+混床或阴、阳离子交换等技术。

进入21世纪，全膜脱盐水处理技术：盘滤+超滤+反渗透+EDI电除离子技术大力推广和使用，为火力发电厂提供了高质量的生产用水。

二、电厂化学水处理工作人员的主要工作和任务

作为电厂化学工作人员，其主要工作和任务是：

（1）为锅炉制备数量充足、质量合格的补给水。

（2）做好热力系统汽、水的化学监督检测工作和炉内化学处理工作。

（3）做好汽轮机、凝汽器循环冷却水处理和化学监测工作。

（4）做好热力设备的大、小修和化学检查、鉴定工作。

（5）做好电厂燃料、灰、渣的化验分析工作，指导锅炉燃烧，并向厂部提供数据做好成本核算。

（6）做好电厂用油的运行监督化验分析和油务处理工作。

（7）做好有关电厂化学工作的小型试验，并根据试验结果提出实施方案，指导热力设备的化学清洗工作。

（8）做好电厂污水处理工作，为节水降耗当好参谋。

三、火力发电厂的生产过程

作为一名合格的电厂化学工作人员，必须了解火力发电厂的生产过程，这样才能做好热力设备的防腐、防垢和有关化学处理工作。火力发（热）电厂生产系统图如图1-1所示。

发电厂生产工艺流程：

1. 除盐水系统

加混凝剂

水源——原水箱——原水泵——双滤料过滤器——清水箱——清水泵——活性炭过滤器——阳床——脱二氧化碳器——中间水箱——中间水泵——阴床——混床——除盐

加氨

水箱──→除盐水泵──→除氧器。

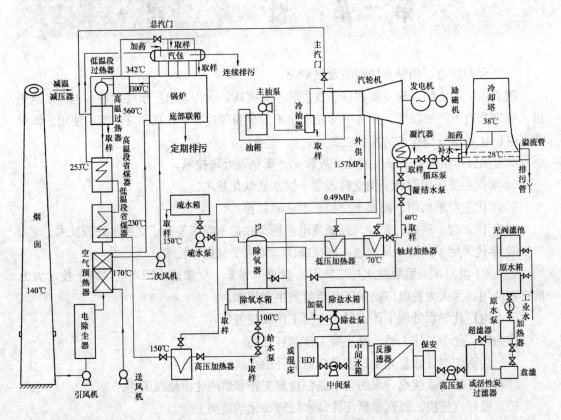

图 1-1　火力发电厂生产原则性系统图

2. 锅炉给水系统

除盐水 ↘
凝结水 ─→ 热力除氧器 ──→ 除氧水箱 ──→ 给水泵 ──→ 高压加热器 ──→ 低温段省煤器
疏　水 ↗

──→高温段省煤器 ──→锅炉汽包 ──→水冷壁下联箱 ──→锅炉水冷壁。

3. 凝结水系统

汽轮机凝汽器 ──→凝结水泵 ──→轴封加热器 ──→低压加热器 ──→除氧器。

4. 疏水系统

各疏水点 ──→疏水箱 ──→疏水泵 ──→除氧器。

5. 蒸汽系统

锅炉汽包 ──→汽水分离器 ──→低温段过热器 ──→减温段减压器 ──→高温段过热器 ──→
汽轮机 ──→凝汽器 ──→凝结水。

6. 其他系统

其他系统如加药系统、取样系统、排污系统等，内容略。

四、水在电厂中的分类及作用

水在火力发电厂中因作用不同，其名称也不一样，作为电厂化学水处理工作人员不应该混淆。水在电厂中大致分类如下：

（1）原水。供化学水处理制水用的水叫原水。

（2）工业水。供主厂房设备冷却用的水或其他工业设备用水。

（3）凝结水。指汽轮机做完功后经凝汽器凝结的水。

（4）疏水。在热力设备和热力管道内凝结的水由疏水管汇集到疏水箱，经疏水泵打入除氧器的水叫疏水。

（5）补给水。经化学水处理后的水由除盐泵供给锅炉用的水叫补给水。

（6）给水。经除氧器除氧后由给水泵打入锅炉的水叫给水。

（7）炉水。在锅炉内经汽包后经水冷壁下联箱再循环的水叫炉水。

（8）循环水。由冷却塔经循环水泵进入汽轮机凝汽器又通过冷却塔的水叫循环水。

（9）冷却水。用于热力设备冷却用的水，例如引风机、给水泵、冷油器、空气冷却器等工业设备，叫冷却水。

（10）冲灰水。专门用于除尘器冲灰的水。

（11）内冷水。双水内冷发电机专门用水叫内冷水。

（12）生活用水。厂内生活用的水叫生活用水。

（13）消防水。电厂内专门用于消防用的水。

（14）排污水。在电厂内各种设备排入地沟的水叫排污水。

（15）化学用水。化学用水在内部又分为下列几种：

1）清水。在离子交换水处理系统中，经混凝、过滤后的水叫清水，由清水箱、清水泵进入阳离子交换器。在反渗透水处理系统中，反渗透的产水叫清水（也叫淡水），进入清水箱（或叫中间水箱）。

2）中间水。在离子交换系统中，阳床的产水叫中间水。其进入脱碳器后再进中间水箱，由中间水泵进入阴床。

但在反渗透水处理系统中，反渗透产水叫中间水，进入中间水箱由中间水泵进入阴、阳床（或混床，或 EDI）。

3）淡水。反渗透的产水，因其98%的盐类被去除，所以又叫淡水。

4）浓水。反渗透、超滤、EDI 的排放水叫浓水（因原水中的盐类被浓缩）。

5）软化水。原水经石灰处理，Na^+ 或 H^+ 进行交换，只去除了原水中暂硬的水叫软化水。

6）除盐水。原水经阴、阳离子交换或经 EDI 处理后的水，因原水中的盐类几乎全部去除，所以叫除盐水。它又分一级除盐和全部除盐。

7）蒸馏水。用蒸馏器蒸馏冷凝的水叫蒸馏水。

8）高纯水。经多级阴、阳离子交换后的水，电导率小于 $0.1\mu S/cm^2$ 的水叫高纯水。

9）纯净水。经反渗透处理又进行杀菌后的水叫纯净水。

10) 清洗水。用来清洗设备的水叫清洗水，由清洗水箱、清洗水泵等组成系统。

五、化学水处理专业常用术语、名词及代号

1. 设备装置代号

设备装置代号见表 1-1。

表 1-1　　　　　　　　　　　化 学 设 备 装 置 代 号

名　称	代号	名　　称	代号	名　　称	代号	名　　称	代号
阳离子交换器	CE	电渗析器	ED	微滤	MF	反渗透器	RO
阴离子交换器	AE	电除离子器	EDI	超滤器	UF	钠滤	NF
混合床	ME	机械过滤器	CF				

2. 常用阀门、材料代号

（1）常用阀门代号见表 1-2。

表 1-2　　　　　　　　　　　常 用 阀 门 代 号

名　称	代号	名　　称	代号	名　　称	代号	名　称	代号
闸阀	GV	截止阀	SV	止回阀	CV	球阀	BV
隔膜阀	DV	减压阀	RV	取样阀	SP	安全阀	PSV
疏水阀	SRV	蝶阀	BFV				

（2）常用材料代号见表 1-3。

表 1-3　　　　　　　　　　　常 用 材 料 代 号

名　称	代号	名　　称	代号	名　　称	代号	名　　称	代号
碳钢	A（CS）	玻璃钢	FRP	不锈钢	SS 或 F	聚氯乙烯	PV
聚砜	PES	聚丙烯	PP	聚乙烯	PE	聚脂	ATD
醋酸纤维膜	CA	聚丙烯酰胺膜	PA				

3. 常用药品及代号

常用药品及代号见表 1-4。

表 1-4　　　　　　　　　　　常 用 药 品 及 代 号

名　称	代号	名　　称	代号	名　　称	代号	名　　称	代号
磷酸三钠	TSP	三聚磷酸钠	TP（STP）	阻垢剂	PTP	乙二胺四乙酸钠	EDTA
胺基三甲叉磷酸钠	ATMP	羟基亚乙基二磷酸钠	HEDP	乙二胺四亚甲基膦酸纳	EDTMP	六偏磷酸钠	SHMP
聚合氯化铝	PAC	聚丙烯酰胺	PAM	聚合氯化铁	PFS	十二醚硫酸钠	DDS

4. 化验分析常用术语及代号

化验分析常用术语及代号见表1-5。

表1-5 化验分析常用术语及代号

名　称	代号	名　称	代号	名　称	代号	名　称	代号
总溶解固形物	TDS	腐殖酸盐	FV	硬度	H	碱度	A
		含盐量	c	化学耗氧量	COD	总有机碳	TOC
悬浮物	XG	铁铝氧化物	R_2O_3	稳定指数	SCD	朗格里指数	LSI
		污染指数	SDI	散射浊度	ATV	福马井浊度	FTV
溶解有机碳	DOC	浊度	NTU	氧化还原电位	ORP	油	T
五日生化需氧量	BOD			有机物	YW	电导率	$\kappa(\mu S/cm)$
杰克逊浊度	JTV	离子积	IPb	污染指数	SDI		
灼烧残渣		酸度	SD	其他写元素符号			

5. 控制术语及代号

控制术语及代号见表1-6。

表1-6 控 制 术 语 及 代 号

名　称	代号	名　称	代号	名　称	代号	名　称	代号
电导率	κ	浓缩倍率	ψ	脱盐率	SR	透盐率	SP
回收率	Y	给水浓度	c_f	产水浓度	c_p	浓水浓度	c_c
浓缩系数	C_F	压力	p	温度	$T\ (t)$	流速	$\mu(m/h)$

第二章 天然水及水质预处理

第一节 天 然 水 概 况

存在于自然界中的各种水称天然水，包括雨水，江、河水，池塘、水库水，地下水，海水，湖水等。

一、水的性质

电厂化学专业人员必须对天然水深入了解。根据不同水源水质采取相应的处理措施和方法，才能做好化学水处理工作。

1. 水的物理性质

纯水是无色、无味、电导率为 0 的透明液体。在大气压 0.1MPa 压力下，沸点为 100℃，冰点为 0℃，密度在温度 3.98℃时最大为 $1g/cm^3$，结冰时密度为 $0.92g/cm^3$，体积增大，这是水的一大物理特性。水的比热容最大，为 $4.18×10^3 J/(kg·℃)$，即 1kg 水升高或降低 1℃，吸收和放出的热量为 $4.18×10^3 J$。

另外，水的热稳定性好，加热到 1000℃时也只有极少数水分子分解（约 0.0003%），所以，人们利用其特性，用锅炉将水加热成高温高压的水蒸汽来传送能量和进行做功，特别是火力发（热）电厂，利用不同参数的锅炉进行发电和供热。

人们还利用纯水是绝缘的这一特性冷却双水内冷发电机，它比任何冷却方法都经济、安全。

2. 水的化学性质

（1）纯水是强氧化剂，与活泼金属（K、Fe、Na、……）可直接发生化学反应。

$$2Na^+ + 2H_2O \xrightarrow{\text{常温}} 2NaOH + H_2 \uparrow$$

$$3Fe + 4H_2O \xrightarrow{>300℃} Fe_3O_4 + 4H_2 \uparrow$$

（2）纯水能电解成 H_2 和 O_2。

（3）纯水在一定条件下能和非金属直接反应。

$$C + H_2O \xrightarrow{\text{高温}} CO \uparrow + H_2 \uparrow$$

（4）水能和许多金属和非金属氧化物反应，分别生成酸或碱。

二、水的特性

1. 水的分散特性

水分子是一种极性很强的分子，它对许多物质具有很强的分散能力并形成分散体系，所以在自然界中水是无处不在的。但自然界中不存在纯水，必须用多种方法进行制取（只是相对的纯水），它的分散能力是任何物质都无法相比的。

在火力发电厂热力系统内，水对金属有腐蚀作用，并且对外来物质十分敏感。主要表现在其 pH 值上。纯水的 pH 值是 7，与空气接触后，空气中的 CO_2 由于大气压的存在便溶解在水中，其 pH 值便发生变化。经过 1h 后其 pH 值升至 7.6；2h 后 pH 值为 7.32；5h 后 pH 值为 7.22，显碱性；时间再延长至 10h 后，其 pH 值为 6.58；25h 后，其 pH 值为 5.82，水溶液便显酸性。

纯水是自然界中最好的溶剂，可溶解很多物质。

2. 水的缔合特性

水分子的缔合特性是指简单分子结合成较复杂的分子集团而物质不起化学变化，这主要是由于氢键的作用。氢键使分子间产生缔合作用，例如阴、阳离子交换树脂在水中，其周围都包围一层水和分子，称为离子交换树脂的水合半径，是水的缔合作用产生的。

水分子的缔合是放热过程，解离是吸热过程，所以温度升高，缔合作用降低，水的流动性好；温度降低，缔合作用增强，水的流动性降低。所以在电厂化学水处理工程中，根据制水设备的温度要求，一般给水都要进行加热。

3. 水的汽化特性

在任何状态下，水分子都处在不断的运动状态。在液态水中，动能较大的水分子会冲破表面张力进入空气中；反之，液面上的蒸汽水分子受外界压力的作用或温度突然降低，蒸汽水分子又会回到液体中。这种现象就是水的蒸发和凝聚过程。当这两个过程达到平衡时的蒸汽称为饱和蒸汽。当水的温度升高到一定值时便会沸腾，此时的温度称水在该压力下的沸点。所以在锅炉内，随压力的增大其沸点升高，这就是在锅炉给水系统中水温大于135℃而不汽化的道理。

水的临界状态：在锅炉中，随温度的升高压力增大，水蒸汽的密度也增大，但水的密度降低；当温度和压力高到一定数值时，蒸汽和水的密度相同，称为水的临界状态。水的临界压力为 21.37MPa，沸点温度为 374℃。

表 2-1 是我国火力发电厂锅炉和发电机组的参数。

表 2-1   我国火力发（热）电厂锅炉和发电机组参数

机组参数	主蒸汽压力（MPa）		再热蒸汽温度（℃）		发电机容量（MW）
	炉	机	炉	机	
低温低压	1.4	1.3	350	340	1.5～3
中温中压	4.0	3.5	450	435	6～50
高温高压	10.0	9.0			25～100
超高压	14.0	13.5	540	535	125～200
亚临界锅炉	17.0	16.5	545		300
超临界锅炉	25.0	24	575	540	500 以上
直流锅炉					

三、天然水的分类

地球的总面积约为 $5.1 \times 10^8 km^2$，其中海洋面积占 70.8%，平均深度约 3800m，总体积约为 13 亿 km^3，占地球总水量的 97%，其余 3%分布在空气、江、河、湖泊、水库、冰川、冰山及地下中。水在自然界中无处不在，大体分为四大类。

1. 地面水

地面水主要是江、河、湖泊、水库，雨雪水、冰山及溶化水。受自然影响，其水质随季节的变化而变化，特别是温度、含盐量、悬浮物、有机物和胶体物质。如江、河水含泥沙量大、悬浮物高，而湖泊、水库水，含盐量低，但有机物、胶体和细菌微生物含量较高。

江河水含盐量较高，电导率在 $700 \sim 1800 \mu S/cm^2$。

湖泊、水库水含盐量较低，电导率在 $150 \sim 300 \mu S/cm^2$。

雨水、雪水、冰山溶化水含盐量更低，电导率在 $100 \sim 200 \mu S/cm^2$。

2. 地表水

地表水是地球岩壳上表层土壤内的水，它是由雨雪水和地面水经土壤渗透的水，亦叫浅井水，含盐量较低，永久硬度小，电导率为 $250 \sim 600 \mu S/cm^2$，水温较稳定。但不同的地区，因土壤的不同和工业发展不同，受污染的程度也不同，其水质变化较大，特别是有机物、胶体物质和微生物含量变化较大，是影响化学水处理的重要原因之一，应引起高度重视。

3. 地下水

在地球岩壳下的水，深度约在 $100 \sim 300m$ 之间，也叫深井水。水质稳定，温度变化不大，含盐量较高，硬度大，故亦叫硬水。硬度在 $3 \sim 4.5mmol/L$，但悬浮物、有机物、胶体和微生物含量都较小，含盐量较高，电导率在 $500 \sim 800 \mu S/cm^2$ 之间。

4. 海（洋）水

海（洋）水属地面水的范畴，含盐量最高，电导率在 $28000 \sim 45000 \mu S/cm^2$ 之间，标准海水含盐量为 $35000mg/L$，其主要成分是 $NaCl$，其次是 KCl、钙、镁等物质。

四、天然水中杂质

在天然水中，因不同地区、不同季节、不同的水资源，水中的杂质是不一样的。我们电厂化学工作人员要根据本地区、本厂采用的水源水质，采取相应的方法和措施，做好本职工作。

天然水中的杂质大体存在如下物质：

1. 溶解固形物（TDS）

溶解固形物常以水溶液电导率监测。

水中的可溶性盐类称溶解固形物，是以离子或分子状态与水分子均匀、稳定地混合在一起，粒径在 $10^{-6}mm$ 以下，无法用一般的显微镜分辨和观察，只能用化学分析签定；也不能用一般的过滤法除掉，只能用反渗透和化学水处理方法去除。

天然水中的可溶性盐类主要有如下物质：

（1）阳离子。钾（K^+）、钙（Ca^{2+}）、钠（Na^+）、镁（Mg^{2+}）、铁（Fe^{2+}）、铝（Al^{3+}）、氨（NH_4^+）、氮（N^{5+}）、钡（Ba^{2+}）、锶（Sr^{2+}）等。

（2）阴离子。氯（Cl^{-1}）、碳酸根（CO_3^{2-}，重 HCO_3^-）、硫酸根（SO_4^{2-}）、硅酸根（SiO_2^{2-}）、硝酸根（NO_3^-）等。

2. 悬浮物

悬浮物是指粒径在 10^{-4} mm 以上的颗粒，在水中不溶解、呈不稳定状态，在静止时又会重新沉积，轻的便上浮在水面上。如泥、沙、动植物残骸、藻类、死亡微生物等。

悬浮物易被去除，通常用过滤的方法除去。

3. 有机物、胶体

有机物、胶体在水中属多相体系，颗粒在 $10^{-4}\sim10^{-6}$ mm 之间，其比表面积大，表面活性强，因能吸附大量离子而带电。由于同种电荷相斥，故不能聚合成大颗粒而沉淀，所以在水中呈稳定状态。

在化学水处理工程中，人们采取向水中投加聚电解质，使其脱稳而凝聚，并吸附异性电荷的离子使颗粒增大，从而沉淀、过滤去除。

天然水中的有机物、胶体主要是动植物的腐殖产物和铁、铝、硅的化合物，还有化工企业排放的废液污染物等。

在电厂水处理工程中，如果采用的水源有机物含量较高，会造成如下危害：

（1）污染阴、阳离子交换树脂，使交换容量明显下降。另外，阴、阳离子交换树脂对有机物、胶体不能去除，进入锅炉后会使炉水悬浮物增高，恶化水质、对安全生产十分有害。

（2）在反渗透系统中会污堵设备。经过（超滤器）和反渗透膜，使脱盐率明显降低，压差升高。特别是采用地面水作为水源的系统，会制约化学水处理生产。很多水处理工作人员对此问题迷惑不解，工作被动大，必须引起足够的重视。

4. 气体

在自然界中，水中都不同程度地溶解有氧气（O_2）、二氧化碳（CO_2）、硫化氢（H_2S）、氢气 H_2，其危害是会氧化腐蚀金属。

气体在水中的溶解规律是温度升高，溶解度降低。

氧气（O_2）：0℃时是 14mg/L，常温下为 7.5～9mg/L。

二氧化碳（CO_2）：常温下在 30～70mg/L 之间，100℃时为 0。

5. 细菌、微生物

自然水中的细菌、微生物在水处理系统中，由于水温适宜，特别是原水的加热系统，所以可大量繁殖，在设备和管道内部会产生污泥而污堵离子交换树脂和反渗透、超滤膜网孔，使交换能力和脱盐率下降，是化学水处理工作的又一严峻的问题。

在自然界地下水中细菌约为 10～5 个/mL，真菌为 1～5 个/mL。

在地面水中，特别是被污染的水，细菌可达 2×10^7 个/mL，真菌为 20～170 个/mL。

自然界水中细菌微生物主要分为细菌、真菌和藻类。

（1）细菌。

铁细菌：含铁量大于 0.2mg/L 的水中都有铁细菌。主要危害是引起 O_2 浓差腐蚀。

硫细菌：利用硫氧化获得能量进行碳素同化作用，属好氧菌类，无 O_2 不能生长。

硫酸盐还原菌：是一种以有机物异养，又能以硫物质自养的细菌，生命力极强，在 0～100℃的温度都能生长，并造成腐蚀。

硝化细菌：能进行硝化作用，能把氨和氨盐转化成亚硝酸盐的细菌叫硝化细菌。

黏细菌、生物菌：主要呈线状、曲状和球状，大量繁殖后呈黏液状。

（2）真菌。真菌是非化合物微生物，不进行光合作用，主要是水生真菌和水霉菌，繁殖滋生后呈棉絮状，主要污堵网孔。

（3）藻类。藻类分绿藻、红藻、黄藻、褐藻和硅藻，其营养成分是水中的 N、P、Ca、Mg、Fe、Zn 离子，具有叶绿素，能进行光合作用，在水池中能大量繁殖。其主要危害是生成污泥并堵塞网孔。

以上细菌在水处理系统中必须进行杀菌处理才能保证设备的安全运行，提高生产效益。

五、自然界中各种水的水质状况

自然界中，不同地区、不同的水源水质不同，在电厂化学水处理系统的设计或运行工作中，应对本系统所用的水源水质定期进行水质全面分析或有针对性的测定原水中的某几种物质，并对原水的变化情况采取相应的措施，确保化学水处理设备经济、安全运行。

下面介绍自然界中各种水质的杂质情况，供广大化学水处理工作人员参考。见表2-2。

表 2-2　　　　　　　　自然界中各种水质状况（有代表性的水质全分析报告）

项　　目	单位	水库水	浅井水	深井水	黄河水	海水
全固形物		200	280	609	474	
悬浮物	mg/L	6.4	58	37	10	
溶解固形物		193.6	222	572	467	35000
pH 值		7.3	7.5	7.2	7.8	8.1
电导率（κ）	$\mu S/cm^2$	200～300	300～400	700～800	700～2000	2.8～3.2 万
耗氧量（COD）	mg/L	1.8	0.64	1.2	2.0	
铁铝氧化物（R_2O_3）		1.7			3.7	
硬度（H）	mmol/L	1.1	1.55	4.25	2.33	
碱度（A）		1.6	1.9	4.4	2.7	
Cl^-		32	35	15	68	19700
全硅		4.65	19.92	14.1	5.4	
胶体硅		0.55	3.42		0.7	
硫酸根	mg/L	36	44	2.7	122	2740
重碳酸根		116	114		143	152
Na^+		18	19	9	40	10900
全铁		0.05	0.04		0.04	
Ba^{2+}		0.068	0.116	0.01	0.229	0.05
Sr^{2+}		0.76	0.625			13
TOC					2	
Ca^{2+}	mg/L	32	39		48	410
Mg^{2+}		15.8	11.54		28	1310

注　以上数据是某地区某单位的水质全分析报告，不是同一单位化验分析结果。

第二节　水质预处理混凝

一、预处理的必要性

为了满足化学水处理超滤设备免受污堵，反渗透正常脱盐和阴、阳离子交换树脂交换彻底，使其能安全稳定运行，其进水必须根据不同地区，不同水源水质采取不同的预处理方法。特别是原水中的有机物、胶体物质含量较高的水质，也是水的全部除盐最关键的一环，所以是非常必要的。

二、预处理的目的

（1）防止水中有机物、胶体污染离子交换树脂和反渗透膜。

（2）确保渗透膜免受化学和机械损伤（大颗粒物质）。

（3）根据气候变化和水源水质变化情况及时调整设备运行状态和加药量，例如混凝剂、阻垢剂等。

（4）防止 Ca、Mg 盐类沉积和难溶盐类的生成，例如反渗透进水投加阻垢剂等。

（5）防止细菌微生物生长、繁殖，污染树脂和渗透膜，例如给水必须进行杀菌处理。

三、预处理的一般原则

电厂化学水处理的预处理要根据不同地区、不同水源来决定预处理的方法。一般按下列原则决定方案。

（1）悬浮物量小于 50mg/L 的，可采用直流混凝法。

（2）悬浮物量大于 50mg/L 时，采用先混凝、澄清，再过滤的方法。

（3）含铁量小于 0.3mg/L，可采用直流混凝。

（4）含铁量大于 0.3mg/L，应先除铁后，再用直流混凝法或混凝后直接用锰砂过滤器过滤。

原水中的铁一般都以二价 $Fe(OH)_2$ 胶体存在，可投加高锰酸钾，使其氧化转为三价铁后，再混凝除去。

（5）原水中细菌微生物含量较高时，必须先杀菌后进行混凝、澄清、过滤处理，最好再经过活性炭过滤器，这样不但去除细菌微生物、胶体有机物，还可去除水中余氯。

（6）当原水硬度较高，电导率大于 $1000\mu S/cm$ 时，应采用石灰软化法。

（7）当原水中硅含量大于 19mg/L 时，应考虑石灰镁剂除硅；或先加氧化镁，再混凝过滤。

另外，也可单独投加硫酸铝，再混凝过滤，剂量在 15～30mg/L，硅含量可从 15mg/L 降至 0.5mg/L，再通过阴、阳离子交换，产水的硅含量可降至 $20\mu g/L$ 以下，满足电厂生产用水要求。

原水中的硅存在形式与水的 pH 值有关，当 pH＜9 时，多数以 H_2SiO_4 形式存在；pH＜7.5 或更低时，硅酸会聚积形成胶体，称为胶体硅，它是水中胶体的主要成分。

当 pH＞9 时，它又会转化成 H_2SiO_4 存在于水中。当 pH＞10 时，硅酸会与钙、镁、铝形成难溶的盐沉积析出。

所以，原水中硅含量大于 20mg/L 时，可加石灰提高 pH 值，再加氧化镁提高水中钙、镁含量，使其生成硅酸盐析出，再用混凝、过滤的方法去除。

(8) 钡和锶。原水中钡和锶的含量大于 0.01mg/L 时应考虑除去。它在含硫酸根高的水中很容易生成硫酸钡和硫酸锶水垢，一旦形成极难去除。特别是采用反渗透系统时应引起重视，含量不能大于 0.01mg/L。

四、水的混凝

(一) 混凝处理的目的

天然水中都不同程度地存在悬浮物、有机物和胶体物质，由于其颗粒直径的大小不同，其沉降速度不同。大颗粒物质在重力作用下容易沉降，而微小颗粒在水中保持分散稳定状态（称胶体的稳定性）。这些物质会造成水处理装置的污染和污堵，必须除去或降低到最小限度。方法是，向水中投加聚电解质，使其颗粒增大而迅速沉降澄清，或过滤除掉。

(二) 水中胶体的性质

1. 光学性质

光线通过胶体溶液，胶粒可反射光线并改变光线行程。

2. 胶体颜色

不同的胶体，其颜色不同，例如胶体铁 $Fe(OH)_2$ 显浅黄色。

3. 胶体的表面性

胶体表面具有表面张力，在液体表面会形成泡沫。

4. 胶体的吸附性

胶体具有范德华引力，极性分子吸附极性分子，非极性分子吸附非极性分子，会使溶液形成乳浊液。

5. 带电性

胶体的固体表面集团与水反应，接受或放出 H^+，其表面通常带负电荷，同时与水中的溶质反应，使表面不完整，离子间相互取代而产生负电。

6. 胶体的稳定性

胶体由胶核和扩散层组成，它们之间存在电位差，称能斯特电位。电位越高，胶体间静电斥力越大、越不易集结成大颗粒，当两个颗粒相互靠近时、由于静电作用而相互排斥、在水中形成稳定状态。

(三) 使水中胶体脱稳沉降的方法

(1) 加入电解质产生大量带电离子，使扩散层压缩、电位下降，胶粒很快聚集成大颗粒而沉降。例如硫酸亚铁等。

(2) 加入反电荷胶体。

(3) 加高分子聚合物在水中架桥吸附胶体而沉降。例如聚丙烯酰胺。

(4) 加入沉降物进行网捕，当在水中沉降时，水中的胶体被吸附而随之沉降。例如三氯化铁等。

(5) 将水加热，增加胶体的碰撞，使胶体脱离胶核产生絮体而沉降。

（四）影响混凝效果的因素

在使用混凝剂时，不同的混凝剂有不同的使用条件。化学水处理工作人员必须了解这些使用条件，避免混凝受到不必要的影响，使其获得最佳效果。主要影响因素如下：

1. 水温

因无机盐类的水解是吸热反应，水温低，不利于药品水解；另外，水温低其黏度大，颗粒的布朗运动减弱，不利于胶体脱稳凝聚。

2. pH 值

不同的混凝剂对水的 pH 值要求不一样，如果不符合要求，将直接影响混凝效果。

3. 水中的杂质成分和色度

都会对混凝效果产生影响。

4. 混凝剂的用量

应根据水质状况确定合理用量。

5. 水力条件的影响

根据水的流动条件确定加入点，不能随便加入。

6. 两种以上药品加入的方式

有的药品可兼容，可以加在同一点。但有的不能，应有一定的间隔距离和时间，应特别注意。

（五）混凝剂的混凝原理

根据能斯特定律，即颗粒沉降的速度与直径和比重差成正比，与水的黏度成反比。

向水中加入一定量的电解质，可生成相应水的氢氧化物。在一定 pH 值下，氢氧化物带有正电荷，可与水中带负电荷的胶体颗粒相吸，使颗粒增大而沉降。

但不同的混凝剂其混凝原理不尽相同。

（六）混凝剂的分类

1. 吸附型混凝剂

主要是聚合氯化铁和聚合氯化铝，当其加入到水中后，水解产物为带正电荷的聚合离子，可吸附带负电荷的胶体，中和了水中胶体全部负电荷，使胶体脱稳，产生混凝作用。这种混凝剂叫吸附型混凝剂，也是目前最常用的混凝剂。

2. 接触型混凝剂

在一定条件下加入电解质，产生大量导电离子（反离子），可使胶体的扩散层压缩而聚集。通过这个过程混凝的混凝剂叫接触型混凝剂。例如硫酸亚铁、氢氧化铝。

3. 沉淀型混凝剂

当向水中投加三氯化铁电解质时，可产生大量沉淀物，在沉淀过程中，悬浮于水中胶体微粒也会被黏附在沉淀物表面而一块沉降。这种作用叫沉淀型混凝，加入的药品叫沉淀型混凝剂。

4. 吸附架桥絮凝剂

当向水中投加高分子聚合物时，其水解产物的分子是一个长长的链型结构，它可以将水中胶体物质聚集在长链上产生很大的絮状物而沉淀。这种作用叫吸附架桥絮凝，加入的药品叫架桥絮凝剂。例如聚丙烯酰胺等，它是目前使用得最多的絮凝剂，也叫助凝剂。

（七）常用的混凝剂

常用的混凝剂有硫酸铝、硫酸亚铁、三氯化铁、聚合氯化铁、氢氧化铝、聚合氯化铝、十二烷胺等，但目前在电力系统最常用的是聚合氯化铝，为此对其作主要介绍。

聚合氯化铝，别名叫碱式氯化铝或羟基氯化铝，代号 PAC。它是一种无机高分子聚合物，化学通式 $Al_n(OH)_m \cdot Cl_{3n-m}$，是介于 $AlCl_3$、$6H_2O$ 和 $Al(OH)_3$ 之间的中间水解产物，组成常因原料和制作条件而异。它不是一种单纯固定分子结构，而是各种络合物的混合体，其水解产物的种类如图 2-1 所示。

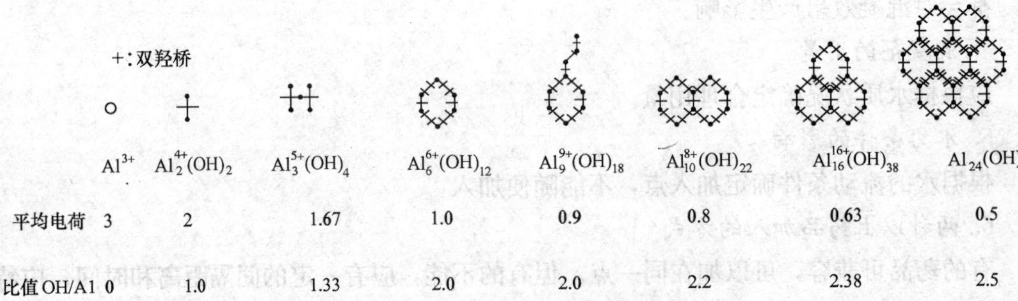
+:双羟桥
Al^{3+} $Al_2^{4+}(OH)_2$ $Al_3^{5+}(OH)_4$ $Al_6^{6+}(OH)_{12}$ $Al_9^{9+}(OH)_{18}$ $Al_{10}^{8+}(OH)_{22}$ $Al_{16}^{16+}(OH)_{38}$ $Al_{24}(OH)_{60}$
平均电荷 3 2 1.67 1.0 0.9 0.8 0.63 0.5
比值 OH/A1 0 1.0 1.33 2.0 2.0 2.2 2.38 2.5

图 2-1　聚合氯化铝水解产物

聚合氯化铝是多核络合物，在水溶液中能形成高价铝的络离子，可显著降低水中胶体所带的负电荷，并且有比其他无机混凝剂大得多的分子量，吸附能力强，形成的絮体大，混凝效果好。

聚合氯化铝的优点是，使用范围广，无需调节 pH 值，操作简单，节水效果好。所以，聚合氯化铝是目前使用得最多的。

（八）常用的絮凝剂

絮凝剂也叫助凝剂。目前最常用的絮凝剂是聚丙烯酰胺，代号 PAM。它是一种人工合成的高分子聚合物，可作混凝剂，也可作助凝剂，是由丙烯腈加硫酸使其水解、中和，再聚合而成，无色无味，能溶于水，腐蚀性小，分子量大，约为 200～800 万。但它有毒，生物极限 0.5μg/kg 体重。其化学结构式为

$$\left[\begin{array}{c}CH_2-CH\\ \quad\ \ |\\ \quad\ \ C=O\\ \quad\ \ |\\ \quad\ \ NH_2\end{array}\right]_n$$

水解后变为

$$\left[\begin{array}{c}CH_2-\underset{\displaystyle CONH_2}{\underset{|}{CH}}-CH_2-\underset{\displaystyle COONa}{\underset{|}{CH}}-CH_2-\underset{\displaystyle CONH_2}{\underset{|}{CH}}\end{array}\right]_n + nNH_3 \cdot H_2O$$

PAM 的水解产物上的[COONa] 基团在水中解离成 $-COO^-$，从而使解离子型的聚丙烯酰胺变成带有阴离子的羧酸基团。这些带阴离子的基团由于同电相斥，使线型高分子

得以伸展，更有利于吸附架桥作用的发挥，增强了混凝效果。

但 PAM 水解不能过分，过分会使带电性过强，从而阻碍架桥作用。一般达到30%～40%转化为羟酸基团便可达到要求。

PAM 的混（絮）凝原理：PAM 是高分子聚合物，其分子一端是憎水的，另一端是亲水的。憎水的一端牢固地吸附胶体颗粒，亲水的一端伸在水中，整个胶体颗粒增大便很快沉降，使水得以净化。

PAM 水解：PAM 在使用时应先将其水解后再投加，效果能提高一倍。将 PAM 固体加入到20%的 NaOH 溶液中，放置一段时间（应事先做烧杯试验，确定最佳水解时间），然后转入计量箱后向水中投加。

PAM 水解注意事项：

（1）配制和计量容器不宜用铁容器，避免 PAM 活性降解。

（2）当与其他混凝剂配合使用时，两种药品应按先后顺序加入。间隔时间要大于30s，在管道中距离不能小于15m。

（3）当同时投杀菌剂时，杀菌剂对 PAM 有负作用，千万不能加在一处。应先杀菌，后加 PAM，并间隔一段距离。

（4）加入混凝剂的时间不宜小于3min。

五、水的杀菌处理

为了防止原水中细菌微生物对水处理组件和阴、阳离子交换树脂污染，必须先将细菌微生物杀死，以保证设备经济、安全运行。

水的杀菌方法很多，在电力系统，主要采用的是氯化处理，即向水中投加一定量的氯气或漂白粉、次氯酸钠、过氧化氯 ClO_2 等。

1. 氯气杀菌

氯是一种强氧化剂，在水中水解成次氯酸，反应式为

$$Cl_2 + H_2O \rightleftharpoons HClO + H^+ + Cl^- \longrightarrow HCl$$

生成的次氯酸很快与原生质细菌微生物化合，与其蛋白质生成稳定的氮—氯键。它对水中所有生物都具有毒性，能穿透细胞壁，进入细胞层，破坏细胞的新陈代谢。并且，氮—氯键带负电荷，可与水中的 Ca、Mg 离子产生吸附，随混凝物一块被过滤除掉。

所以，应先加杀菌剂，后加混凝剂，效果最好。

氯的杀菌作用主要是 HClO，它的浓度取决于水的 pH 值，随水的 pH 值变化而变化，最佳 pH 值为5.5～7。其关系如图2-2所示。

HClO 的毒性是 ClO^- 的8倍，因为 ClO^- 带负电，不易扩散，而 HClO 能快速进入细胞壁杀死细菌微生物。HClO 控制剂量为水中余氯超过 0.5mg/L，藻类 5min 也会被杀死。

当 pH>8 时，尽管水中仍有 0.5mg/L 的余氯，但其杀菌效果极差；pH>8.5 时，Cl 将失去杀菌作用。

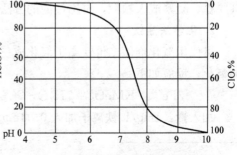

图 2-2 HClO 与 pH 值关系曲线

进入 20 世纪，过氧化氯被广泛使用，因其比任何杀菌剂效果都好，且不受 pH 影响，不污染环境，但缺点是费用偏高。

2. 过氧化氯杀菌

氯酸钠与盐酸反应生成二氧化氯，反应如下

$$NaClO_3 + 2HCl \longrightarrow ClO_2 + 1/2Cl_2 + NaCl + H_2O$$

氯气和亚氯酸钠混合生成二氧化氯，反应如下

$$Cl_2 + 2NaClO_2 \longrightarrow 2ClO_2 + 2NaCl$$

3. 次氯酸钠杀菌

制取 $NaCl + H_2O \xrightarrow{\text{电解}} NaOCl + H_2 \uparrow$

$$NaClO + H_2O \longrightarrow HClO + NaOH$$

4. 季铵化合物杀菌

季铵化合物包括烷基三甲基氯化铵（ATM）、二甲基苄基烷基氯化铵（DBA）等。

5. 氯酚杀菌

氯酚包括五氯酚钠、三氯酚钠等，这种药易造成环境污染。

注：如果水的 pH 值大于 7，应加酸调整 pH 值到 6.5 左右。

氯化处理中的几个名词解释：

（1）残余氯，指化验时化合氯和游离氯的总和，也叫总余氯。

（2）化合氯，指一种或某种氯胺化合物（$NHCl_2$）。

（3）游离氯，指水溶性分子氯、次氯酸或次氯酸根和它们的化合物。

（4）有效氯，指氯化剂中可起氧化作用的氯的比例，以 Cl_2 作为 100％来进行比较，以％含量计。

另外，还有用臭氧、紫外线杀菌、非氧化性杀菌，但电力系统都很少使用。

六、铁的去除

在电厂化学水处理系统中，多数电厂的水源是用市政自来水。因市政自来水系统庞大、管路长，水中含铁量较高。铁细菌的存在会污染水处理装置，特别是阴、阳离子交换树脂，会造成铁中毒污染，失去交换能力，所以进水要求含铁量不超过 0.1mg/L，如果超标，在预处理中应考虑除铁。

1. 混凝除铁

原水中铁多以 Fe（OH）$_2$ 或铁的有机化合物形式存在，呈胶体状，可用混凝方法使其脱稳、凝聚成大颗粒，再用过滤的方法去除。

2. 化学法除铁

可使用氧化剂使二价铁离子氧化成三价铁离子，混凝、过滤除掉。例如，可用高锰酸钾氧化，反应如下

$$3Fe^{2+} + KMnO_4 + 7H_2O \longrightarrow 3Fe(OH)_3 \downarrow + MnO_2(s\text{❶}) + K^+ + 5H^+$$

加入量：1mg/L 铁离子加入 0.94mg/LKMnO$_4$，溶液 pH<10。

---

❶ s 表示固体。

3. 锰砂过滤法

天然锰砂的主要成分是 MnO_2，是二价铁离子氧化成三价铁离子最好的催化剂，其反应如下

$$4MnO_2 + 3O_2 \longrightarrow 2Mn_2O_7$$

$$Mn_2O_7 + 6Fe^{2+} + 3H_2O \longrightarrow 2MnO_2 + 6Fe^{3+} + 6OH^-$$

$$Fe^{3+} + 3OH^- \longrightarrow Fe(OH)_3 \downarrow （呈絮状物）$$

原水经锰砂过滤后，水中含铁量可降至 0.05mg/L 以下，是除铁的最好方法。

例如过滤器不采用石英砂，而改用无烟煤和锰砂为滤料，过滤效果会更好。

使用时，要求溶液 pH 值大于 5.5。

4. 石灰碱化法

此法在原水中 SO_4^{2-} 含量高时采用。

5. 曝气法

此法因占地面积大，故很少采用。

第三节 水的过滤及原理

一、常见物质的大小

1. 天然水

天然水中常见物质粒径大小见表 2-3。

表 2-3 　　　　　　　　　　　　天然水中常见物质粒径 　　　　　　　　　　　　μm

物质种类	粒径	物质种类	粒径	物质名称	粒径
食盐	100	头发	50～80	砂	＞50
滑石粉	10	铁锈 Fe_2O_3	5	黏土	0.1～1.0
细菌	0.4～2.0	病毒	0.01～0.3	可见物最小	＞30

2. 各种过滤方法对去除物质的范围

水处理常用过滤器可除去物质的大小范围见表 2-4。

表 2-4 　　　　　　　　　　　　常用过滤器适用粒径范围 　　　　　　　　　　　　μm

过滤器名称	物质范围	过滤器名称	物质范围
常规过滤器	＞30	盘滤	＞50
细砂过滤	＞1.0	滤芯过滤	＞5
微滤	＞0.09	超滤	＞0.001（分子量[①]为 50000）
钠滤	＞0.0007（分子量[①]为 100000）	反渗透	＞0.0001（分子量[①]为 200 以上）

① 分子量：水中有机物分子量。

3. 各种筛目尺寸对照表

常用筛目尺寸表见表 2-5。

表 2-5   **常 用 筛 目 尺 寸**

目数(个/cm²)	孔径(mm)	目数(个/cm²)	孔径(mm)	目数(个/cm²)	孔径(mm)	目数(个/cm²)	孔径(mm)
10	2.0	18	1.0	40	0.42	70	0.21
14	1.41	25	0.71	50	0.3	80	0.177
16	1.2	35	0.5	60	0.25	100	0.149

二、过滤器的分类

1. 按设备构造分

(1) 压力式过滤器。压力式过滤器也叫机械过滤器、直流过滤器，分立式、卧式、单流、双流等形式。

(2) 重力式过滤器。重力式过滤器分单池、双池、多池，也叫无阀滤池。

(3) 滤芯过滤。滤芯过滤也叫高效过滤器、纤维过滤、微滤，分蜡烛式和悬挂式。

(4) 盘滤。盘滤属缝隙过滤，呈圆盘形，靠圆盘缝隙截留杂质。

(5) 膜过滤。过滤介质是中空纤维膜，分为内向和外向等，例如超滤。

2. 按装置材料分

(1) 细砂过滤器。

(2) 双滤料过滤器。双滤料过滤器也叫多介质过滤器。

(3) 活性炭过滤器。

(4) 管道过滤器。管道过滤器就是网过滤。

(5) 膜过滤器。膜过滤器采用中空纤维膜。

3. 按去除杂质的原理分

(1) 表层过滤。去除水中杂质时只发生在滤料的表层。

(2) 深度过滤。过滤不仅发生在表层，在滤料深层也发生过滤。

(3) 缝隙过滤。靠材料的缝隙截留杂质。

(4) 膜过滤。用纤维膜进行过滤。

4. 按介质流向分

(1) 直流过滤。水在容器内自上而下进行过滤。

(2) 横流过滤。水在容器内横向通过过滤材料。例如盘滤、微滤、超滤、钠滤等。

三、石英砂过滤机理

石英砂表面的硅原子水合后产生硅烷醇团 $\equiv SiOH$，一般带负电荷，而水中的无机物胶体带正电荷、属憎水性的，当它们通过石英砂滤料时，会相互黏附，因而被截留除去。

但对水中的悬浮物则属筛滤，因为石英砂带负电、悬浮物亦带负电荷，相互排斥，悬浮物不会自动黏附在滤料上，而是筛分截留在滤料上，细小的悬浮物还会随水流带走。

水中的胶体有机物是亲水性的，在水中成真溶液，不能滤除，但投加混凝剂后，便可去除大部分。

另外，活性炭过滤器可除去80%的有机物胶体；超滤只能除去0～30%的胶体有机物。

第四节 压力式过滤器

压力式过滤器是将滤料装在容器内，压力水从顶部进入经过滤料从底部排出，属直流过滤。运行一段时间后，截留杂质越来越多，出入口压差会上升，此时必须进行反洗。

反洗时，用一反洗泵将大流量反洗水从底部进入顶部排出，杂质会随反洗水排掉，反洗过程至反洗水清为止。也可采用自反洗法进行反洗。

一、构造

压力式过滤器分立式和卧式，单流或双流，单滤料和双滤料压力过滤器。单滤料和双滤料过滤器也叫多介质过滤器，构造分别如图2-3和图2-4所示。

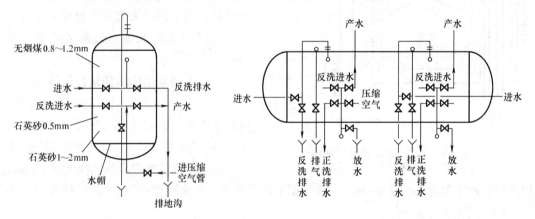

图2-3 立式多介质压力过滤器

图2-4 双格卧式压力过滤器

二、运行与维护

过滤器在运行时要经常定期检查流量、压力，如果压差增大，流量降低，必须进行反洗。压差不能大于0.1MPa，最好根据水质定期进行反洗。一般10～15d反洗一次。

运行时必须定期进行排气，如果过滤器中进入大量空气，滤料则处于淋洗状态，不但不能过滤，而且会把滤料上的杂质淋洗掉，恶化水质，污染下步制水装置。

三、过滤器反洗

当过滤器运行一段时间后，或出入口压差加大，必须进行反洗。反洗时应先用小流量当反洗水冲洗掉上部污泥后，再加大反洗水流量进行反洗。

双流过滤器应先用1/3反洗水流量冲洗上部滤料，然后再加大反洗水流量，从底部进水整体进行大反洗。否则，会顶坏中间布水装置。应底部、中间同时进水。

在电厂化学水处理系统中，一般都设三台以上过滤器。当一台进行反洗时，可关闭入口门，开上排门，利用其他两台的产水返回进行反洗，这样可省去专用的清洗水泵和系统，操作简单，且省电，还可降低系统水的含铁量（因清洗管路没防腐）。这种反洗方法称自反洗。

第五节　重力式无阀滤池

一、无阀滤池的工作原理

无阀滤池的进水经高位稳压水箱对空敞开，水流经过滤层靠其自然重力完成。运行时，水流自上而下进入上部集水箱，当运行一段时间后，滤层上部杂质增多，阻力增大，高位水箱水位上升，并进入自动虹吸管。当形成自动虹吸时，虹吸流量大于进水流量，集水箱的水从滤料底部返回，经过滤层进入虹吸排水管，滤料被反洗。当反洗水位下降至虹吸破坏斗时，虹吸管吸入空气，虹吸被破坏，进水经过滤料又进入正常运行。整个过程无需人工操作，又无阀门，所以叫无阀滤池，故被多数电厂采用。

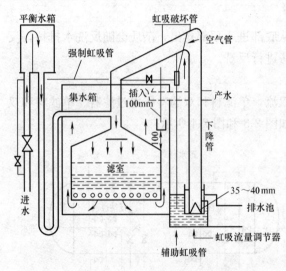

图 2-5　重力式无阀滤池结构图

二、无阀滤池的最佳运行条件

（1）过滤产水达到泄漏浊度。此时，过滤水头损失恰好达到最大允许值，不大于 1.3m（压差升高），但设计为 1.7m。

（2）进水应加混凝剂。浊度在 15mg/L 以下时，产水浊度不大于 3mg/L；若采用市政自来水，产水浊度在 0.5mg/L 左右。

（3）滤速为 10m/h。

（4）反洗强度平均为 15L/（s·m²）。

三、无阀滤池构造

1. 无阀滤池安装注意事项

（1）滤料填装。初次装料时应严格按规格进行填装，0.5～1.0mm 的石英砂必须装 300mm，无烟煤填装高度为 400+50mm，这样滤出的水质好。

无烟煤滤料的国家标准见表 2-6。

表 2-6　　　　　　　　　　无烟煤滤料国家标准

项　目	标　准	项　目	标　准	项　目	标　准
挥发分（%）	0～10	碳（%）	85	填充密度（g/cm³）	0.95
密度（g/cm³）	1.7	盐酸可溶率（%）	<1.0	破碎率	

石英砂滤料国家标准见表 2-7。

表 2-7　　　　　　　　　　　　　　　　　石英砂滤料国家标准

项　目	标　准	项　目	标　准	项　目	标　准
破碎率（%）	<3	密度（g/cm³）	1.4~1.6	含泥量（%）	<4
盐酸可溶率（%）	≤3.5	有效粒径	小，<4% 大，<2%		

填装滤料时必须按级配、平整、逐层装入，装料前先在池四壁打上粉线，不允许乱装。

（2）虹吸辅助管顶端标高应在虹吸管弯头底线下（负）60mm 处。

（3）虹吸辅助管不能有弯曲，下管口插入水池水位下（负）10mm 处，上管口焊接时不应插入虹吸弯管内，但抽气管可以插入。

（4）冲洗强度控制器调节至 30mm 开度。第一次反洗后调试加大至 40mm。

（5）虹吸破坏斗，空气管插入斗内与小倒 U 管顶相平处。

（6）进水 U 型管下标高要低于虹吸管下出口 400mm，以免虹吸管进入空气。

2. 运行注意事项

（1）应定期检查高位水箱水位。

（2）定期测定产水浊度。

（3）不宜长期低流速运行，时间过长（超过 10d）、滤床上层会形成污泥，污泥越厚，黏结力越强，危害越大，极易形成缝隙过滤、使产水浊度增大。特别在反洗时，会出现滤层沸腾现象和射流现象，上部滤料被冲走，一般应在 7d 左右进行自动反洗一次，若超过 10d 应人工强制反洗。

四、无阀滤池的工作过程

1. 制水过程

无阀滤池一般都是两台为一组。进水经高位稳压水箱，经过两侧分水挡板（高度一样）分别进入两台过滤器（目的是分离进水中的空气以防进入滤室）。进水自上而下经过过滤层，然后经四角连通管返回进入上部集水箱（也叫反洗水箱），经溢流口进入产水管后送出。

2. 形成自动虹吸过程（时间 3~5min）

随着过滤时间的延长，滤层上部截留的杂质增多，阻力增加，因水的自然重力作用，进水流量不变，虹吸上升管的水位便会上升。当虹吸上中水升至虹吸辅助管口时，上升水由此管迅速下落，经水力抽气器将虹吸管内空气抽走。（因虹吸管出口在水中封闭）虹吸下降管内的水位上升，又因负压作用，进水大量进入虹吸上升管，流量增大，虹吸管内少量空气被下流的水带走，迅速形成虹吸。

3. 自动反洗过程（时间 5min）

虹吸形成后，因虹吸管径比进水管径大得多，进水量远远不够，滤室内的水迅速被抽走。又因反洗水箱在滤室上部，水经四角连通管从底部进入滤层，自下而上将滤料反洗，污物被反洗水带走。

4. 自动恢复制水过程

当反洗水箱水位下降至虹吸破坏斗时，空气大量进入虹吸管，因水的自然重力作用，虹吸上升管内的水迅速回落，虹吸作用被破坏，反洗结束。进水又流经滤料，恢复制水过程。

五、影响过滤的因素

（1）滤层厚度。滤层越厚，过滤效果越好，但阻力增加，产水量会降低，应有适当的滤层厚度。

（2）滤料有效粒径和均匀系数。粒径应均匀。

（3）滤料介质。双滤料比单滤料过滤效果好。

（4）滤速。滤速慢，效果好，反之则差。

（5）水力波动。水力波动大，过滤效果差，反之则好。

（6）化学药品及浓度。

六、无阀滤池的调试

新建无阀滤池或大修更换滤料的滤池，都必须进行调试，以保证反洗强度，使之反洗彻底。

（1）虹吸流量调节器间隙调至 30mm，低流量反洗。

（2）从反洗水箱进水，从滤料底部上升至水满。禁止从进水管注水，以防冲乱无烟煤滤层。

（3）开强制虹吸水阀门进行强制虹吸，记录形成虹吸的时间。

（4）虹吸时间。形成虹吸后，从产水溢流无溢流开始计，到虹吸破坏时止，时间应在 4～5min 才能达到反洗强度。

（5）第二次强制虹吸前，调整虹吸调节器间隙至 40mm 再进行强制虹吸，以时间约为 5min。

■ 第六节 活性炭过滤器

活性炭过滤器属于颗粒滤料过滤的一种，它不但能去除水中的余氯和有机物胶体，还具有能去除色度嗅味等特殊功能，在电力系统中被广泛应用，特别是采用地面水的电厂，更应选用活性炭过滤器。

一、活性炭的性质

1. 活性炭制作

活性炭由木质、果壳和无烟煤经粉碎加压成型后加热碳化，再用药剂和水蒸气活化而成的多孔炭质过滤吸附剂。

活性炭具有很大的比表面积和丰满的空隙，1g 活性炭的比表面积约为 $900\sim1000m^2$，与水中氯离子能很好地进行化学反应，对有机物胶体物等有很强的吸附作用，是其他滤料无法取代的。

2. 活性炭技术指标

国家标准中果壳活性炭标准见表 2-8。

表 2-8   **果壳活性炭标准**

名 称	单位	标准	实际平均值	名 称		单位	标准	实际平均值
碘吸附值	mg/g	≥1000	1194	pH值			7～11	8.4
机械强度		≥90	97.4	粒度	10～28目	%	≥90	91.3
干燥减量	%	≤10	3.3		>28目		≤5	0.5
灼烧残渣		≤5	2.1	亚甲基兰		mL	≥8.0	11
填充密度	g/cm³	≥0.3	0.45					

3. 活性炭除氯原理

活性炭除去余氯不是物理吸附作用，而是化学反应。游离余氯通过活性炭时在其表面产生催化作用，游离余氯很快水解并分解出氧原子 [O]，并与碳原子进行化学反应生成二氧化碳，同时，原水中的 HClO 也迅速转化成 CO_2 气体。

化学反应方程式如下

$$Cl_2 + H_2O \Longrightarrow HCl + HClO$$

$$HClO \xrightarrow{\text{活性炭}} HCl + [O]$$

$$2[O] + C \longrightarrow CO_2 \uparrow$$

综合反应

$$C + 2Cl_2 + 2H_2O \longrightarrow 4HCl + CO_2 \uparrow$$

根据以上反应，容器内活性炭会根据原水中余氯含量的多少而逐步减少，每年应适当补充。

所谓活性炭吸附饱和是指其在吸附有机物、胶体等物质时饱和，需要进行再生或更换。活性炭再生可通过将 5% 的 NaOH 加热从活性炭上部淋洗活性炭滤料的方法进行。注意淋洗时应先将容器内的水排净。经过淋洗后的活性炭再进行大流量反洗。最好先进行空气擦洗后再反洗。

二、活性炭过滤器构造

活性炭过滤器构造如图 2-6 所示。活性炭进水装置分以下两种：

（1）大锅底石英砂垫层式。

（2）水帽式。石英砂垫层高度为 250～300mm，粒径为 0.5～1.0mm。

活性炭内部必须衬塑（胶）防腐。上部排水装置开孔面积为进水管径的 5～8 倍，滤网底层用 25 目做骨架，外层为 50 目。

三、活性炭填装

根据设计要求，运行进水流速应控制在 8～

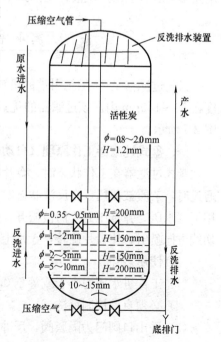

图 2-6 活性炭过滤器结构图

φ—活性炭滤料粒径；H—粒径滤料层高度

15m/h，填装活性炭高度为 0.8～1.3m，粒径为0.8～2mm。

也可根据水流经过活性炭滤料层的时间 EBCT 来确定滤料填装高度：

去除余氯，时间为 6s；

去除氯氨，时间为 10s。

如果设计给定了 EBCT 值，可按下式算出活性炭滤料层的体积和高度。

$$V = q_{\mathrm{v}} \cdot \mathrm{EBCT}$$

式中　V——体积，$\mathrm{m^3}$；

　　q_{v}——流量，t/h；

　EBCT——通过的时间，s。

算出体积后，根据活性炭密度大小再算出滤层高度。

四、活性炭过滤器使用及注意事项

(1) 使用前必须做耐压试验，先反洗后正洗直至水清后方可投入运行。

(2) 可根据进水状况确定反洗周期，一般为 6～15d。

(3) 每年检查过滤器内部装置，测量滤料层高度，适当补充滤料。

(4) 当进水有机物胶体含量高而使活性炭吸附饱和时，应采用再生恢复其性能。若再生后仍不能恢复，应及时更换滤料。

五、活性炭的反洗和再生

(1) 活性炭反洗强度控制在 8～10L/（$\mathrm{m^2 \cdot s}$），时间为 15～20min。

(2) 再生。碱洗使用 5％NaOH＋2％NaCl，用量为活性炭体积的 1.5～2 倍，方法采用先排空后从上部进碱液，下部排出。然后进行大流量反洗直至水清。

第七节　盘式过滤器

盘式过滤器是 21 世纪引进的机械过滤器，只能去除难溶解性大颗粒物质，其过滤精度在 50～100μm 内。该过滤器的优点是体积小，产水量大、自动化程度高，其安装图如图 2-7 所示。

一、盘式过滤器工作原理（自动控制）

盘式过滤器在工作状态时，盘片在弹簧的作用下被紧密地压在一起，当含有杂质的水通过时，杂质被截留。在反洗状态时，控制器控制阀门改变水流方向，盘片在压力水的作用下（水压＞弹簧压力）而被松开，位于盘中央（或沿盘片内径三道反冲洗水管）喷嘴沿切线方向喷射，使盘片旋转，盘片上的杂质被冲掉。见图 2-8 和图 2-9。

二、使用条件

(1) 工作进水压力小于或等于 0.3MPa。

(2) 必须自动控制反洗。

(3) 进出口阀门为隔膜阀，反冲洗时，由冲洗水压力使隔膜片关闭进出口阀；冲洗完毕，压力解除，隔膜恢复，进出口总阀打开。

(4) 反冲洗阀为电动，整个组件逐个开关进行冲洗。

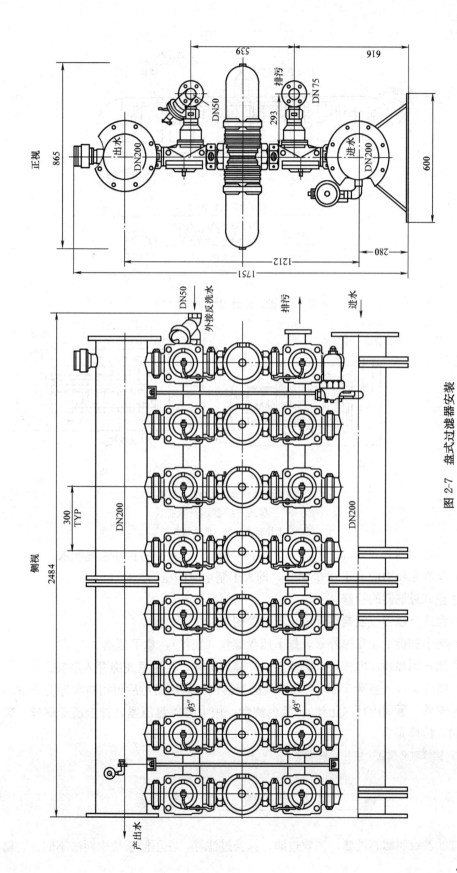

正视

865

DN200 出水

DN50

539

排污 DN75

293

616

600

DN200 进水

280

1212

1751

侧视

DN50

外接反洗水

排污

进水

产出水

2484

300 TYP

DN200

DN200

φ3"

φ3"

图 2-7 盘式过滤器安装

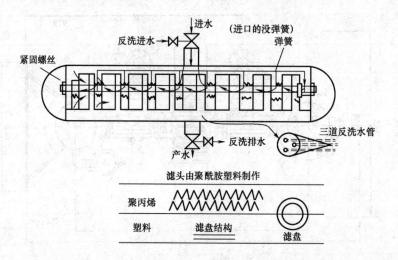

图 2-8　盘式过滤器组件（进口）

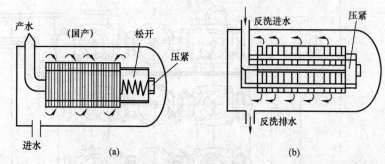

注　进口的盘式过滤器有的没有弹簧。

图 2-9　盘式过滤器运行状态

（a）工作状态；（b）反洗状态

（5）反洗周期为 300min 一次，每个组件冲洗 3s，完毕后自动恢复制水。

（6）反洗泵压力应大于 0.35MPa，即大于制水时的压力。

三、盘式过滤器的检修

（1）盘式过滤器控制器在停电位置，关闭进、出口总阀。

（2）将卡扣拆下，拿掉外罩，拧下压盘螺丝（正丝），拿下压盘。

（3）用一圆棒顶住内杆，整套滤盘一并套入圆棒，再用尼龙绳穿入捆好。

（4）将滤盘放入盛有 5‰NaOH 溶液的容器内，清洗滤盘后再用清水冲洗干净。

（5）安装。紧固内杆（正丝），装上滤盘，用力将压盘压紧，拧上压盘螺丝，装好外罩和卡扣，检修完毕。

注意，检修时必须逐个组片检修清洗。

第八节　微　过　滤　器

微过滤器也叫滤芯过滤、高效过滤、保安过滤等，在不同系统中叫法不同。它属横流过滤，产水量大，过滤精度高，可去除 $0.1 \sim 5.0 \mu m$ 粒径的物质，其结构如图 2-10 所示。在反渗透系统中常作保安过滤器使用。

一、优点

（1）可去掉细菌微生物、大分子有机物胶体等，是普通过滤器效率的 $2 \sim 4$ 倍。

（2）出水浊度低，几乎为零。

（3）除铁效果好，当进水含铁量大于 $100 \mu g/L$ 时，产水含铁量小于 $3 \mu g/L$。

（4）过滤流速高，占地面积小。

（5）可调性能好，不因流量变化而影响产水质量。

（6）制水成本低，是其他过滤器的 $1/2$。

（7）操作简单，检修方便。

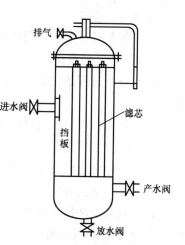

图 2-10　微（保安）过滤器结构

二、使用条件

（1）运行流量小于 $0.5 m^3/$支（滤芯），压力小于 $0.3MPa$。

（2）运行压差小于 $0.05MPa$（实际为 $0.01MPa$），当大于 $0.1MPa$ 时滤芯更换。

（3）进水浊度（NTU）小于 $1mg/L$

三、常用滤芯类型

（1）聚丙烯线绕蜂房式管状滤芯。过滤精度分为 1、5、10、$20 \mu m$。

（2）褶页式滤芯。过滤精度分为 0.45、1、3、5、10、$30 \mu m$。

（3）熔喷聚丙烯滤芯。过滤精度分为 1、5、$10 \mu m$，最常用的是 $5 \mu m$ 滤芯，型号为 35SL4。

四、安装形式

（1）蜡烛式。目前最常用。

（2）悬挂式。缺点是容易变形而造成泄漏。

五、运行维护

（1）每小时记录一次出入口压差。

（2）及时排放空气。特别是在设备刚启动时。

（3）每 24h 检测入口污染指数，SDI 值应小于 3，或测量产水浊度。

第九节　超　　滤

超滤过滤精度高，直径在 $0.002 \sim 0.1 \mu m$ 的杂质都可除去，对有机物胶体相对分子质量为 $10000 \sim 100000$ 的物质也能除去。但低分子有机物相对分子质量小于 10000 的和可溶性盐类都能透过。

一、膜过滤技术

用于膜过滤的膜为多孔不对称（指中空纤维膜内小外大）结构（实际上膜组件是对称

的），主要用于水溶液中大分子物质的去除，筛分孔径在 $0.002\sim0.1\mu m$，其工作原理是以膜两侧的压差为动力，以机械筛分为基础的。

1. 优点

（1）筛分孔径小，可截留溶液中所有的细菌、微生物、病毒和有机物胶体，分子量在 $10000\sim100000$ 的物质。

（2）整个过程是在动态下进行，无滤饼形式，无缝隙过滤而造成的泄漏，只能是有限聚积。

（3）当运行压力、流量稳定时，能达到一定平衡值，而不会连续衰减。

2. 缺点

（1）对原水水质适应能力差，特别是有机物胶体含量略高的水。

（2）化学清洗频繁，一般在 $7\sim10d$ 清洗一遍，最长 $15d$ 清洗一遍。

（3）自动反洗排水量大，制水成本高。

3. 中空纤维膜结构

中空纤维膜呈毛细孔状，内径为 $0.8\sim1.2mm$，外径为 $1.3\sim2.0mm$，内表面和外表面呈致密层，称为活性层，并布满微孔，中间是多孔支撑体。水溶液从微孔中透过，大颗粒杂质被截留，应定期自动反洗将被截留物冲掉。

4. 分类

根据致密层位置不同，膜分内压式和外压式。

按材料分，有熔喷聚砜膜、聚丙烯酰胺膜、聚醚砜膜、聚偏氟乙烯膜。

按化学性能分，有增水性膜、亲水性膜（聚偏氟乙烯膜）。增水性的膜对 COD 的脱除率为 $0\sim30\%$；亲水性的膜对 COD 的脱除率为 $30\%\sim80\%$。

按运行方式分，有封闭式（不排浓水）和错流式（浓水排放 20%，10% 回进水）。

二、超滤组件结构

1. 结构

超滤组件结构由壳体、端盖、导流网、中心管和中空纤维膜组成，内装直径为 $0.8\sim1.2mm$ 的内径膜 $7000\sim13200$ 根，分别组成膜组件，结构如图2-11所示。

2. 特点

（1）中空纤维直接黏结在环氧树脂板上，不用支撑体，有极高的填装密度，体积小，结构简单，可减少细菌污染。

（2）检漏修补方便，可利用就地压缩空气。做法是上满水，关闭进水阀、产水阀、排放阀，御去上部端盖，从下部进水侧通入空气，可从中空纤维膜中心孔检查出哪漏。若泄漏根数少则将泄漏纤维封死，多则需更换组件。如果没有漏的，便没有空气跑出。还可以在设备运行中逐个松开上部产水管测产水浊度，产水浊度大则说明有纤维泄漏。

（3）简化清洗结构，清洗反洗方便。

（4）截污能力强且稳定，除有机物总量的 $0\sim30\%$，只能去除相对分子质量为 $50000\sim100000$ 的。

（5）使用寿命长，如果每周清洗一遍可用 $5\sim10$ 年。

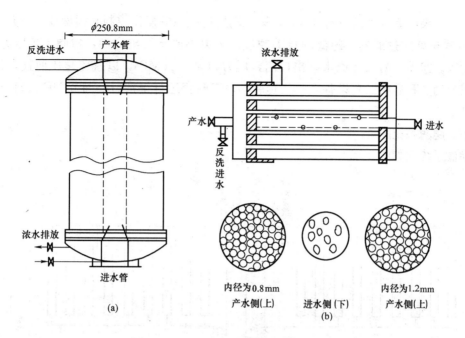

图 2-11　超滤的组件及组件结构

(a) 组件示意图；(b) 组件结构图 (SFP—1680 组件)

三、使用条件

1. 进水水质

浊度小于 5mg/L，pH 值为 2～10，余氯小于 2mg/L，水温 5～40℃。

2. 进水压力

应小于 0.6MPa，一般控制 0.3MPa，压差小于 0.04MPa。

3. 冲洗

投运时自冲洗 30s，在运行中隔 13min 自动反洗，60min 则完成反洗一遍（5 套组件）。

4. 化学清洗

必须先酸洗，冲洗后再碱洗。进水最好加入 3mg/L 三氯化铁，对膜有保护作用。如果原水是地面水，夏季应在反洗水中加次氯酸钠杀菌，控制反洗排水余氯在 1～1.5mg/L。

5. 装置组件产水量

以 2.5m³/支计算，浓水排放量为 0.5m³/h。

6. 产水水质

浊度小于 1.0mg/L，产水污染指数（SDI）为 0.5～2.0，COD 脱除率为 0～30%。

四、运行维护

(1) 每隔 2h 检查、记录出入口压力、产水量，并及时调整入口压力在 0.3MPa。

(2) 检查压缩空气压力是否为 0.6MPa，实际运行应不大于 0.3MPa。

(3) 每天检测一次产水污染指数（SDI）不大于 3。

(4) 每 2h 检查反洗水箱水位。

（5）如果两套制水设备同时运行，第二套投运超滤的操作控制必须做到如下几方面。①必须避开盘式过滤器、超滤的自动冲洗。②关小原水泵出口门，控制 UF 压力降至 0.25MPa。③关小第二套原水泵出口门，压力约为 0.25MPa，以避免超压而损坏组件。④微机自动点开启第二套设备，第二套启动。⑤两套运行正常后，调节 UF 入口压力至 0.3MPa。

五、超滤系统图

超滤系统图如图 2-12 所示。

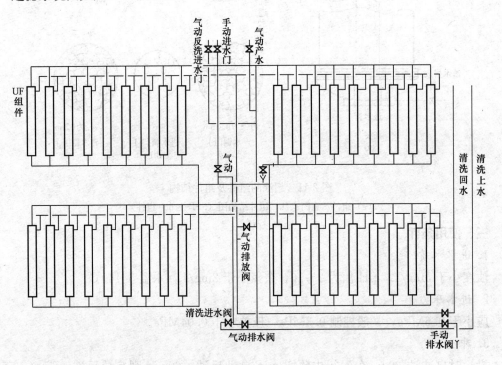

图 2-12　超滤连接系统（36 支/套，产水量为 70m³/h，7000 元/只）

六、超滤常出现的故障及污染

1. 常出现的故障及原因

常见故障及原因见表 2-9。

表 2-9　　　　　　　　　　　　超滤常见故障及原因

故障现象	原　　因	处理方法
出入口压差大	1. 膜积污多	加强反洗
	2. 膜污染	化学清洗
	3. 进水温度突然降低	调整加热器
产水流量减小	1. 阀门开度不够	调整泵出口门
	2. 入口压力低	调整泵出口门
	3. 泵内吸入杂物	停泵检修，清理叶轮
	4. 膜积污多	加强反洗

故障现象	原　　因	处理方法
产水水质差	1. 进水水质变化大	化验找出原因
	2. 断丝内漏	检漏
	3. 污染严重	化学清洗
突然停车	1. 盘式过滤器、超滤同时反洗	尽量避开或调整
	2. 气源无压力	查看空压系统
	3. 电气故障	查原因
组件断裂	1. 原水压力高（>0.4MPa）	降低泵出口压力
	2. 产水止回阀损坏，造成水冲击	更换
	3. 原水泵出口门开度大	调整

2. 膜的污染

天然水中杂质很多，预处理不当会造成装置的污染。污染主要由下列几种杂质造成。

（1）有机物污染。天然水中，特别是地面水和浅井水中存在着大量腐殖酸、丹宁酸等有机物，它们被吸附在膜表面，造成污染。

（2）胶体污染。水中胶体物主要存在地面水和受污染的浅井水中，并随季节变化而变化，主要是胶泥、胶体硅和胶体铁，对膜的危害极大，可污堵膜的网孔，应引起高度重视。

（3）细菌微生物。细菌微生物在化学水处理系统中，由于温度适宜，故繁殖迅速，连同其排泄物都会形成黏液，并同其他附着物结合构成一个覆盖层，严重污染膜表面，直接影响产水量和水质。

（4）悬浮物。天然水中存在颗粒大小不等的悬浮物，很多细小的悬浮物会堵塞网孔，反洗时被截留的大颗粒易被冲走，而细小的连同其他附着物混合体不易被反洗水冲走，时间一长，会造成膜的污堵，为此，必须定期进行化学清洗。

七、超滤的化学清洗

超滤的化学清洗方法很多，在此不一一介绍，只介绍下列常用的几种方法。

1. 非有机物、微生物污染

清洗方法是用 0.5%~1% 的 HCl 或 2% 的柠檬酸，pH 值不小于 2。

2. 有机物胶体污染

清洗方法是用 0.5% 的 NaOH，pH 值不大于 12。

3. 细菌微生物污染

清洗方法是，先用 0.2% 的 H_2O_2 或 0.4% 的过氧乙酸清洗杀菌，再用 0.5% 的 NaOH，pH 值不大于 12 进行清洗。

一般不管什么污染，应先酸洗后碱洗，或先杀菌后再酸洗、碱洗，效果最好。只用碱洗效果不好，先酸洗后碱洗还可防止溶液 pH>9 而结垢。

4. 清洗系统

超滤化学清洗系统见图 2-13。

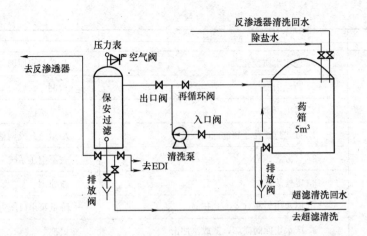

图 2-13 某单位超滤化学清洗实际管路布置

5. 清洗步骤

(1) 配药准备。按确定的清洗方案检查清洗系统是否完善,药品是否备齐。劳保措施完善。

1) 先向药箱注 1/2 满水,启动清洗泵,开泵入口门、再循环门,清水循环,并检查系统有无泄漏。确认无泄漏,停泵、放水。

2) 关闭放水阀,向药箱注水至 70%满,加 1%HCl 所需的量,再补足至所需液位,启动泵,开再循环门,混合并测 pH 值在 2 左右,循环持续 1min。

(2) 酸洗。清洗泵不停,开超滤排放门,清洗保安过滤器出口门、上部空气门。

关泵再循环阀,缓慢开清洗出口门,待保安过滤器空气排完后立即关闭,表压不大于 0.2MPa。

超滤排放酸液后立即开回酸门,关酸液排放阀,循环持续 10min 后停清洗泵,静泡 15min,然后重新启动,循环 10min 停泵,酸洗结束。开超滤、保安过滤器、药箱排放阀,放掉废液。

(3) 清水冲洗。排完废液后关药箱、保安排放阀,向药箱注入除盐水至 1/2 满时,启动清洗泵冲洗超滤,初次冲洗开排放阀,排放清洗废水,此时药箱注水阀继续注水。冲洗系统和超滤,待药箱液位降至约 0.5m³ 时,停清洗泵。关排放阀,药箱注满水后继续清洗循环、放水,进行三遍后开反洗泵,大流量冲洗超滤组件至排水为中性时止。

(4) 碱洗。按碱洗方案配制 0.4%的 NaOH,pH 值不大于 12,操作基本与酸洗步骤相同,不再重复。

注意,碱洗时若用固体 NaOH,应先将 NaOH 溶解后再倒入药箱。

第三章 反渗透预脱盐

■ 第一节 反渗透基本原理

一、渗透
水从稀溶液一侧通过半透膜自然向浓溶液一侧流动的过程叫水渗透，如图 3-1 （a）所示。

二、半渗透膜
人们制作了一种膜，它只允许水分子通过，溶液中的盐类则不能通过，这种膜叫半透膜。
半透膜的分类如下：

1. 按物理构造分

（1）对称膜。膜的断面是对称的，例如板式膜。

（2）不对称膜。膜的断面不对称，例如中空纤维膜。

（3）复合膜。两种以上不同材料制作成的表面为活性层和支撑层的膜，例如卷式复合膜。

2. 按化学成分分

（1）醋酸纤维膜。简称 CA 膜。

（2）芳香聚丙烯酰胺膜。简称 PA 膜。

三、渗透压
在容器内，稀溶液通过半透膜从一侧流向浓溶液侧，当过程处于动态平衡时，两侧会出现压差，这个压力差称为水的渗透压。如图 3-1 （b）所示。

在水溶液中，无机盐的渗透压大，有机物的渗透压小。

四、反渗透
在浓溶液侧外加一定压力，此压力超过渗透压，浓溶液中的水就会向稀溶液侧流，使得浓溶液更浓，这一过程叫反渗透。如图 3-1 （c）所示。

反渗透可除去水中 98％的无机盐、对有机物的去除能力为相对分子质量大于 200 的有机物以及胶体，相对分子质量小于 200 的会透过反渗透膜，它是当代公认的最先进的脱盐技术。反渗透被广泛用于各个领域，特别是火力发电厂化学水处理。

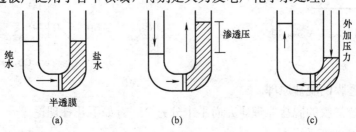

图 3-1 反渗透原理图

(a) 渗透；(b) 渗透平衡；(c) 反渗透

反渗透物理意义上的孔是不存在的，用高倍显微镜也找不到，因而它与有孔膜，例如超滤膜等，是不一样的，应区别开来。

第二节 反渗透膜

一、膜的构造

(一) CA 膜

CA 膜上部是一层致密的薄层，厚度约为 $0.1\sim1.0\mu m$，为膜厚的 1%，即脱盐层；下部是多孔支撑层，厚度约为 $100\sim200\mu m$，水很容易通过制出纯水。如图 3-2 所示。

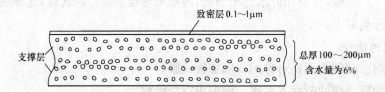

图 3-2 CA 膜结构

(二) PA 膜

1. PA 膜的构造

PA 膜分三层，上层为脱盐层，厚度约为 $0.2\mu m$，材料是聚丙烯酰胺；中间是多孔聚砜材料，厚度约为 $40\mu m$；最下层是多孔聚脂支撑层，表面孔径约为 $0.015\mu m$，其厚度约为 $120\mu m$，如图 3-3 所示。

2. PA 膜的化学成分

化学分子式如下

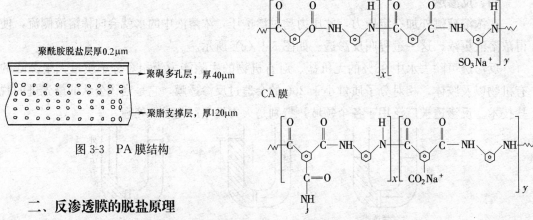

图 3-3 PA 膜结构

二、反渗透膜的脱盐原理

目前对反透渗膜的脱盐原理研究尚不十分完全，有如下几种理论。

1. 选择性吸附理论

聚酰胺膜是一种亲水性物质，呈微细多孔状。根据吉布斯吸附理论，当含有盐类的液体与其膜表面接触时，膜具有吸附 H_2O 而排斥盐分的化学特性，在膜表面形成厚度为 1～2mol 的纯水层，水中盐类被排斥在水分子层以外，在反渗透压力作用下，纯水通过膜的微孔进入多孔支撑层，被排斥的盐类被浓水带走，如图 3-4 所示。

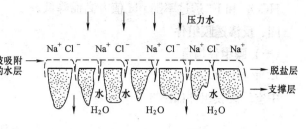

图 3-4　反渗透膜脱盐原理

2. 氢键理论

还有研究认为，反渗透膜是一种具有矩阵结构的聚合物，有与水和醇形成氢键的能力。水分子与膜上的酰基形成氢键，在压力作用下，氢键结合进入膜内的水分子，并由第一个氢键断裂转移到下一个位置形成另一个氢键，连续位移进入多孔支撑层汇集流出，剩在膜表面的盐类随浓水带走。

3. 反渗透膜除去有机物的原理

通过试验证明，膜除去有机物胶体，如细菌微生物等杂质纯属机械筛分作用，它的脱除率与这些杂质的大小和形态有关。又因这些杂质与膜同是有机物不能被排斥并且能降低水分子与膜的表面张力，一些低分子相对分子质量小于 200 有机杂质很容易通过膜表面进入支撑层，带入到产水中，而中小分子堵塞污染膜表面，大分子的被浓水带走，如图 3-5 所示。

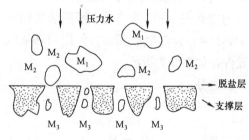

图 3-5　反渗透膜去除有机物原理
M_1—大分子量有机物，相对分子质量大于 1000；
M_2—中小分子量有机物，相对分子质量大于 200；
M_3—小分子量有机物，相对分子质量小于 200。

根据以上理论，反渗透膜的有机物胶体污染是一个重要问题，值得广大化学水处理工作人员重视。

三、反渗透膜的特性

（一）膜的方向性

（1）按水渗透方向，进水只能接触致密脱盐层，不能从支撑层进水。

（2）安装方向性是指膜组件，其密封是三角形的，安装时不能倒装，否则会把密封圈挤坏。但膜的两端是对称的，没有方向性，组件外壳一头标一箭头，注明方向。

（二）原水中各种物质透过膜的规律性

1. 可溶性盐

反渗透膜虽然对水中无机盐类有排斥作用，但在压力和流量的冲击下，仍会有少量离子透过膜，所以说其脱盐率不是 100％。特别是气体离子，它们首先穿透膜进入到产水中，为此，在全脱盐时，必须再进行除二氧化碳等气体的措施，特别是再经过阴阳离子交换时。

离子透过膜的规律是，1 价＞2 价＞3 价；同价离子，水合半径小的＞水合半径大的。

2. 溶解性气体

水中 CO_2、O_2、H_2S 等气体透过率是 100％。

3. HCO$_3^-$ 和 F$^-$ 透过率

HCO$_3^-$ 和 F$^-$ 透过率随 pH 值升高而降低。

四、反渗透膜组件

(一) 膜组件构造

1. 中空纤维膜组件

中空纤维膜组件如图 3-6 所示。

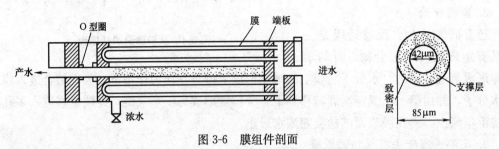

图 3-6 膜组件剖面

最常用的中空纤维膜是美国杜邦公司生产的 B-9 型，规格有 ϕ102×1194mm，ϕ203×1219mm，容器内全部充满纤维束，在纤维束之间 25μm 的水通道内，整个纤维束分 24 层，最外层包有导流网，以利于浓水导流。

2. 卷式复合膜元件

卷式复合膜由两张平展开的膜片和一张聚酯织物组成，聚酯织物在两膜片中间，一端胶接后形成一个膜袋，在另一端，聚酯织物伸出，与带孔的 PVC 管黏接，两膜袋之间加一塑料网，起到浓水导流作用。多只膜袋一起沿 PVC 中心管卷绕成圆形。外层用环氧玻璃钢黏连保护并封闭，这样便形成一个完整的膜元件，如图 3-7 所示。

卷式膜有手动和机械自动卷膜，国产膜和进口膜之分。

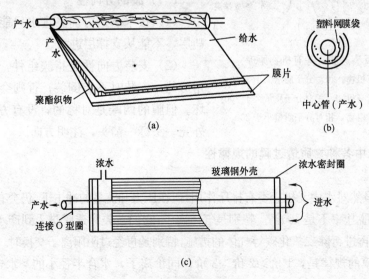

图 3-7 卷式复合膜

(a) 卷式膜展开；(b) 中心管和膜的组合；(c) 膜元件外形

目前电力系统大多采用日本海德能膜和美国陶氏膜，其膜结构如图3-8所示。

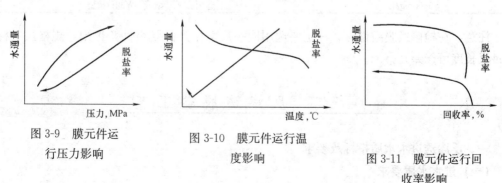

两种膜外形尺寸规格基本一致。陶氏膜膜片呈放射形，水通道宽，浓水流动性能好，不易产生污堵和结垢，运行稳定。

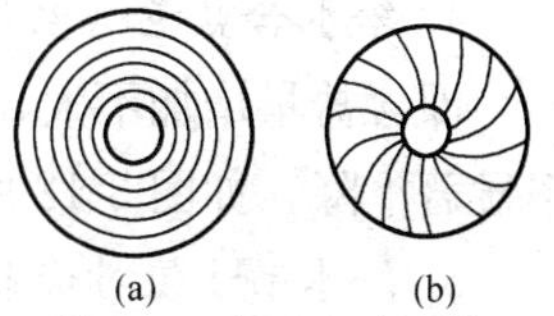

图3-8　我国电力系统用卷式复合膜
(a) 日本海德能膜；
(b) 美国陶氏膜

（二）膜元件分类

1. 板式膜

板式膜由一定数量的承压板和渗透膜组成，中间夹有多孔支撑网，用长螺栓固定装入压力容器内构成制水设备。

其缺点是易产生浓差极化，结垢；优点是承压力强。

2. 管式膜

管式膜衬在耐压微孔套管上，并将其串联或并联装成管束状汇集而成膜组件。管式膜分内压式和外压式。

其缺点是单位体积内膜面积小，产水量少，易泄漏；优点是易安装，拆换和清洗。

3. 中空纤维膜

它是由醋酸纤维聚砜或聚丙烯酰胺等不同材料制成的中空管状纤维束，内径为 $25\sim50\mu m$，外径为 $50\sim100\mu m$，弯成 U 型管装在耐压容器内，其开口固定在环氧树脂端板上。原水由纤维管外向内渗透，从开口端引出产水，浓水从另一侧排出（外压式）。

其缺点是易堵、易断丝，清洗困难；优点是单位体积膜面积大，结构紧凑。

4. 卷式复合膜

（三）影响膜元件性能的因素

1. 运行压力影响

压力升高，水通量增加，脱盐率提高；如果超出一定压力，则脱盐率会下降，见图3-9。

2. 温度影响

温度升高透水量增加，脱盐率下降，每升高（降低）1℃，反渗透的产水电导升高（或下降）$1\sim2\mu S/cm$，如图3-10所示。

3. 回收率影响

回收率低，脱盐率高，水通量大，回收率高，脱盐率低，水通量变化不大；当回收率高出一定值时，水通量显著下降至0，如图3-11所示。

图3-9　膜元件运行压力影响

图3-10　膜元件运行温度影响

图3-11　膜元件运行回收率影响

4. 给水含盐量（电导率）

即含盐量增加不大，通水量和脱盐率都变化不大；当增大至一定量时，通水量和脱盐率显著下降，如图 3-12 所示。

5. 给水 pH 值对透盐率影响

使用 PA 膜时，给水 pH 值对透盐率和脱盐率的影响见图 3-13 和图 3-14。由图可看出，pH 值为 7.0～8.2 时，PA 膜使用情况最好。

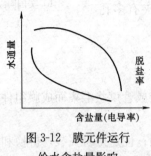

图 3-12　膜元件运行
给水含盐量影响

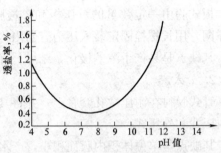

图 3-13　PA 膜给水 pH 值对透盐率的影响

但 CA 膜要求进水 pH 值为 5.0～6.0 之间。该值过高或过低均能造成膜中丙酰基团的降解。

所以给水调节 pH 值要根据膜的种类来确定。

（四）膜元件的选用

目前火力发电厂大都采用低压复合膜，具体可参照表 3-1 所列的原则。

1. 给水含盐量（S）

2. 产水量

产水量大于 50m³/h 时可选用 1010mm；产水量大于 100m³/h 时可选用 1524mm。

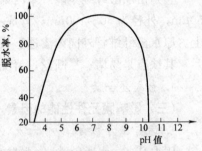

图 3-14　PA 膜给水 pH
值与脱盐率的关系

表 3-1　　　　　　　　膜元件的选用［给水含盐量（S）］

给水含盐量（S）	电导率（κ）
<1000mg/L	选用 TW30 型，（S2G 美国产，S21 日本产）
<5000mg/L	选用 BW30 型
>5000mg/L	选用 SW30 型或 SW30HR 型

注意，在检修换膜组件时，一定要选用同一厂家生产的膜组件，否则，规格虽一样，但每只长度可能差几毫米。

第三节　反渗透脱盐工艺

一、反渗透进水水质指标及要求

（一）进水水质要求

在反渗透系统中，国家对进水水质要求规定如表 3-2 所示。

表 3-2　　　　　　　　　　　　　　　反渗透系统进水水质要求

项　　目	单　　位	中空纤维膜	醋酸膜	复合膜	超低压膜
SDI_{15}		<3	<4	<4 (3)	<4 (3)
浊度	FTU	<0.2			
铁		<0.1			
余氯	mg/L	0	0.2~1	<0.1	<0.1
水温	℃	5~25		<25	
压力	MPa	2.4	2.5~3.0	1~1.6	1.05
pH 值		5~6	4~11	7~8	3~10
COD	mg/L	≤1.5			
钡		<0.1			

（二）进水指标控制

1. 污染指数（SDI）

在一定压力（0.2MPa）下和标准时间（15min）内，一定体积的水通过微孔滤膜（0.45μm）的阻塞率（500mL）叫污染指数，代号 SDI。

它是测定水中有机物杂质的一个重要手段，比浊度测量准确（因浊度仪是用光敏法和比色来确定的）。其单位是 mg/L，1mg/L 称为 1 度，而对不感光的有机物胶体微粒则无法确定。

测定手续：

（1）装好测定仪，并调整好压力为 0.2MPa。

（2）取下微孔过滤器下端装好微孔滤膜（0.45μm），用水略冲一下，赶出膜内空气，然后拧紧固定螺栓（三个）。

（3）接好量筒（500mL），开控制阀略冲后迅速接上量筒，同时用秒表记录时间到量筒满为止，立即移开量筒记录时间 T_1。

（4）量筒移开后，水继续流 15min，立即接上量筒，记时至满量筒时，为 T_2。

（5）计算。

$$SDI = \left(1 - \frac{T_1}{T_2}\right) \times \frac{100}{15}$$

或

$$\frac{T_2 - T_1}{T_2} \times 6.67 = SDI$$

2. 给水杀菌处理

控制余氯小于 0.5mg/L。

杀菌见第二章第二节。

3. 除余氯

Cl_2 是强氧化剂，进入反渗透器后会氧化渗透膜，缩短其使用寿命，为此，反渗透器进水必须将余氯除掉。方法如下：

（1）安装活性炭过滤器除去余氯。见第二章第六节。

（2）进水中加还原剂除余氯。向反渗透器进水中投加一定量的还原剂亚硫酸钠或亚硫酸氢钠，使其发生脱氯反应。

$$Na_2SO_3 + H_2O + Cl_2 \rightleftharpoons NaHSO_4 + HCl + NaCl$$

$$NaHSO_3 + H_2O + Cl_2 \rightleftharpoons NaHSO_4 + 2HCl$$

由于还原能力强，还原剂还可与水中的 O_2 发生反应（除 O_2）

$$2Na_2SO_3 + O_2 \rightleftharpoons 2Na_2SO_4$$

还原剂加入量一般按水中余氯量的 1.5 倍考虑，但为了除氧可多加 1mg/L 的余量。

4. 给水（反渗透器进水）pH 值调节

加碱处理调节 pH 值。

在反渗透器系统中，进水一般都进行了杀菌处理，但 PA 复合膜又要求进水中余氯为 0。所以必须将余氯除掉。可以用活性炭除余氯，则不必调节 pH 值；如果加还原剂除余氯，则必须调节 pH 值。因为加还原剂亚硫酸钠后，生成的 HCl 使 pH 值下降、PA 膜脱盐率最佳 pH 值为 7~8.2，所以必须加 NaOH 进行 pH 值调节至 8.0~7.5 左右，同时也可消除水中 CO_2，使反渗透器产水水质更佳。

加 NaOH 反应如下

$$NaHSO_3 + HCl + NaOH \longrightarrow NaHSO_4 + NaCl + H_2O$$

$$CO_2 + NaOH \longrightarrow NaHCO_3$$

NaOH 加入量的计算

$$R = [A + 1.23x]/[c_{CO_2} - 1.08x]$$

式中　R——加 NaOH 量；

　　　A——加 NaOH 前水中的碱度，以 $CaCO_3$ 计，mg/L；

　　　c_{CO_2}——加 NaOH 前水中 CO_2 浓度，mg/L；

　　　x——加碱（固体 NaOH）的量，g。

注意，加 NaOH 后，水的 pH 值不能大于 8.2。pH 值过高会产生如下列不良反应：

（1）CO_2 增加。

pH>10 时会发生如下反应

$$Ca(HCO_3)_2 \longrightarrow CaCO_3 \downarrow + CO_2 \uparrow + H_2O$$

反渗透膜对 CO_2 的脱除率为 0，且先通过膜；又因其回收率为 75%，这样，产水中的 CO_2 会提高 1.33 倍，会影响下一步除盐。

（2）易产生水垢。在反渗透系统中，浓水侧的 $Ca(HCO_3)_2$ 比进水的高 4 倍，pH 值升高，碳酸氢根会转化成 CO_3^{2-}，易产生 $CaCO_3 \downarrow$ 结晶。

（3）易产生硅垢。原水中硅的存在形式与其 pH 值有关。

pH<9 时，硅以硅酸的形式存在；

pH<7 时，会形成 $Si(OH)_4$ 胶体硅；

pH=7.2~7.8 时，以 SiO_2 形式存在；

pH>8 时，以 SiO_3^{2-} 形式存在；

pH>9.5 时，极易产生硅垢。

5. 反渗透器进水钡、锶的控制

在反渗透系统中值得注意的是钡和锶元素，如果在天然水中有超过 0.01mg/L 的钡和锶，且含有硫酸根，则易产生结垢，且较难去除。国家标准规定，钡不超过 0.01mg/L。

（1）自然水中钡、锶含量状况如下。

地面水易存在钡，通常为 0.068mg/L，锶通常为 0.76mg/L；

海水中钡为 0.05mg/L，锶为 13mg/L；

深井水地下水一般不存在。

（2）钡的生物特性。钡对心脏、血管和神经有毒作用，是一种全身肌肉兴奋剂，特别是对心脏肌肉的兴奋作用，严重时，钡中毒会导致呼吸肌麻痹和心室性纤维颤动，会造成人死亡。吞服致死量为 0.8～0.9g，国际标准不大于 0.1mg/L。

6. COD

在反渗透系统的给水中，COD 的极限为 2mg/L，国家标准是 1.5mg/L，所以应定期检测 COD。

7. 胶体硅

当原水中的胶体硅含量较高时，必须进行除硅，否则会污染制水装置，并造成产水硅含量超标。

一般可向原水中投加硫酸铝、剂量为 30mg/L 左右，再经混凝土、过滤，原水中的硅会以 13mg/L 降至 0.35mg/L。再经过阴、阳离子交换，最终产水硅含量可降至 20μg/L 以下。

8. 给水加阻垢剂

在反渗透系统中，为防止膜组件结垢污堵，必须在进水中加阻垢剂。

在水溶液中，碳酸盐浓缩后，其浓度若超过其极限值便开始结晶析出，在膜组件内产生结垢并污堵。水中极限碳酸盐硬度值 H_T 可按下式计算

$$2.8H_T = 8 + \frac{COD}{3} - \frac{t-40}{5.5 - \frac{COD}{7}} - \frac{2.8H_F}{6 - \frac{COD}{7} + \left(\frac{t-40}{10}\right)^2}$$

式中　H_T——水中极限碳酸盐硬度值，mmol/L；

　　　H_F——水中非碳酸盐硬度，mmol/L；

　　COD——水中化学耗氧量，mg/L；

　　　t——水的温度，℃。

原水中，碳酸盐在反渗透器的浓水侧，在一段提高 3 倍，进入二段浓水后进一步浓缩，达到极限碳酸盐硬度值，在膜表面形成浓差极化，并在膜上结晶析出，产生水垢。所以，必须采取加阻垢剂的方法防止结垢。

常用阻垢剂：

（1）六偏磷酸钠（NaPO₃）₆，代号 SHMP。

SHMP 在水中水解时间不超过 3 天，生成磷酸钠，在中性或碱性状态下会形成磷酸钙沉淀。所以，在用 CA 膜的系统中，进水先加硫酸调节 pH 值在 5～6；但在 PA 膜系统中不可采用。

其缺点是溶解困难且不稳定，其溶解液必须 2 天更换。但价格便宜。

(2) 三聚磷酸钠，代号 TP。

TP 属阴极型阻垢剂，其化学分子式是 $Na_5P_3O_{10}$，其结构如下

$$NaO-\underset{\underset{ONa}{|}}{\overset{\overset{O}{\|}}{P}}-O-\underset{\underset{ONa}{|}}{\overset{\overset{O}{\|}}{P}}\!\!\underset{n}{}-O-\underset{\underset{ONa}{|}}{\overset{\overset{O}{\|}}{P}}-ONa \quad n>1$$

TP 是被采用较多的阻垢剂之一。

(3) 有机磷酸盐阻垢剂。主要有氨基三甲叉磷酸钠，代号 ATMP；1—羟基乙 1.1—2 磷酸钠，代号 HEDP（ATMP 的衍生物）；乙二胺四甲叉磷酸钠，代号 EDTMP（ATMP 的衍生物）。

它们都是很好的水质阻垢剂，互为衍生物，是目前使用最广泛的阻垢剂，其优点是易溶于水，稳定性好，阻垢效率高。其化学结构式如下

$$\begin{matrix} H_2O_3P-CH_2 \\ \\ H_2O_3P-CH_2 \end{matrix}\!\!\Big\rangle N\!\!\left[-CH_2-CH_2-N\right]_n\!\!\Big\langle\!\!\begin{matrix}-CH_2-PO_3H_2 \\ \\ CH_2-PO_3H_2\end{matrix}$$

$n=0$ 时，为 ATMP；
$n=1$ 时，为 EDTMP。

它们的阻垢原理是，有机磷在水中解离后的阴离子与水中钙、镁离子发生螯合反应，生成稳定的络合物，并在离子间形成双电层，产生排斥力，阻止晶间大颗粒的生成。又因螯合作用，每个 Ca、Mg 离子在阴离子上聚积防止 Ca、Mg 的晶间碰撞，对 Ca、Mg 晶粒生长起到了干扰作用，并使其晶间结构发生畸变，阻止了垢的生成。

(4) PTP 型阻垢剂。

它是一种高效阻垢分散剂，特别适用于金属氧化物、硅以及致垢盐类，且不与残留混凝剂或高铝、铁的硅化合物发生凝聚形成不溶聚合物。在反渗透系统中应用广泛。

但其价格昂贵，其 8 倍浓缩液，350000～450000 元/t。

加入量的计算

$$U=\frac{Q_{aV}}{8\times1000\rho_x}\times100\% \quad （8 倍浓缩液）$$

式中　U——应加入阻垢剂的体积 mL；

　　　Q——反渗透的进水流量，m^3/h；

　　　a——加药剂量，mg/L；

　　　V——加药箱有效容积，L；

　　　ρ——阻垢剂密度，g/cm^3；

　　　8——8 倍浓缩液，其密度为 $1.45g/cm^3$；

　　　x——加药泵流量，L/h。

如果不是 8 倍浓缩液，是原液，将式中 8 去掉进行计算。还有 4 倍浓缩液，则计算式中对应乘以 4。

二、系统控制

反渗透系统一般都是自动控制，系统装置、水质状况等必须在规定值内运行，一旦超出，系统会自动报警。

(一) 系统控制报警

(1) 高压泵进水压力低报警。小于 0.1MPa 时。

(2) pH 值高、低报警。CA 膜为 4.5～6.5；PA 膜为 7～8.5。

(3) 进水高温报警。28℃，控制在不超过 25℃。

(4) 污染指数高报警。大于 3 时。

(5) 余氯高报警。大于 0.1mg/L 时。

(6) 水箱水位高、低报警。低报警小于 1m；高报警溢流管下 100mm。

(7) 渗透水压力高报警。

(8) 反渗透器进水压力高报警。

(9) 浓水流量低报警。

(10) 产水电导率高报警。超过 22μs/cm 时。

(二) 理化指标、标准化控制

1. 系统标准回收率（c_p）

原水中 Ca、Mg 盐的极限碳酸盐硬度值浓缩倍率一般为 1.5～2 倍，系统加阻垢剂后可提高到 4～5 倍，所以制水回收率也不能超过 5 倍，回收率一般控制在小于 75%，此时二段浓水侧水中盐类浓缩为 4 倍，国家标准回收率为 75%。

$$c_p = \frac{产水量}{进水量} \times 100\%$$

浓缩倍数与回收率的关系曲线见图 3-15。

2. 系统压差

系统平均压差为 0.1MPa，标准压差为 0.61MPa。在计算时应根据温度校正系数计算，温度校正系数 T_j 按下式计算

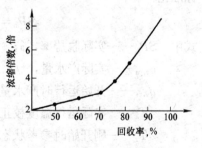

图 3-15 浓缩倍数与回收率关系

$$T_j = \frac{q_{V,25}}{q_{V,t}} = e^x$$

$$x = U\left(\frac{1}{t+273} - \frac{1}{298}\right)$$

式中　T_j——温度校正系数；

$q_{V,25}$——25℃时的透水量，m^3/h；

$q_{V,t}$——给水温度为 t 时的透水量，m^3/h；

e——2.71828；

t——给水温度，℃；

U——不同型号的膜取不同值（由厂家提供）。

计算结果见表 3-3。

表 3-3   温度校正系数表

温度（℃）	T_J	温度（℃）	T_J	温度（℃）	T_J
10	1.711	17	1.323	24	1.035
11	1.648	18	1.276	25	1.00
12	1.588	19	1.232	26	0.967
13	1.530	20	1.189	27	0.935
14	1.475	21	1.148	28	0.904
15	1.422	22	1.109	29	0.874
16	1.371	23	1.071	30	0.846

标准系统压差增加 10%～15%时，说明渗透膜污染或结垢，必须进行化学清洗。计算公式如下

$$\Delta p_n = \Delta p_a \times \frac{(2q_{v,br} + q_{v,pr})^{1.5}}{(2q_{v,ba} + q_{v,pa})^{1.5}}$$

式中　　　　Δp_a——系统运行时进水与浓水的压差，MPa；

　　　　$q_{v,br}$、$q_{v,pr}$——刚投运时，浓水、产水的流量，t/h；

　　　　$q_{v,ba}$、$q_{v,pa}$——当时浓水、产水的流量，t/h。

3. 标准系统脱盐率（SR）

反渗透系统脱盐率不小于 98%，若脱盐率下降 1%～2%或产水电导率增加 10%～15%，则必须进行化学清洗，因为脱盐率是根据产水电导计算的。

$$SR = \frac{k_f - k_p}{k_f} \times 100\%$$

式中　κ_f——给水电导率；

　　　κ_p——产水电导率。

标准化　　　　　　$SK_n = 1 - SP_n$

$$SP_n = SP_a \times \frac{q_{v,pa}}{q_{v,pr}} \times \frac{T_a}{T_r}$$

式中　SP_n——实际脱盐率，%；

　　　$q_{v,pa}$——实际产水量，t/h；

　　　$q_{v,pr}$——开始运行时产水量，t/h；

　　　T_a——实际运行温度校正系数；

　　　T_r——刚开始时参考状态下的温度校正系数；

　　　SP_a——实际运行透盐率，%。

4. 标准透水量（Q_{Pn}）

$$Q_{Pn} = Q_{Pa} T_a \cdot \frac{p_{fb} - \Delta II'_{osm}}{p_{fb} - \Delta II_{osm} - p'_b}$$

式中　T_a——实际运行时温度校正系数；

　　　p_{fb}——膜元件设计运行压力；PA膜为 1.55MPa，低压膜为 1.03MPa；

　　　$\Delta II'_{osm}$——膜元件设计渗透压，0.14MPa；

　　　ΔII_{osm}——实际运行平均渗透水压力，MPa；

　　　p'_b——膜元件设计渗透水压力，为 0；

　　　p_p——实际运行渗透水压力，MPa。

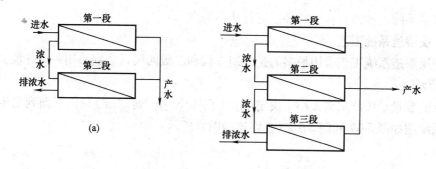

(a)

(b)

注 一级二段有9：5排列（一段9支压力容器，二段5支压力容器，产水量为80m³/h；

13：7排列（一段13支压力容器，二段7支压力容器，产水量为100m³/h）。

图 3-16 反渗透系统工艺

（a）一级二段；（b）一级三段

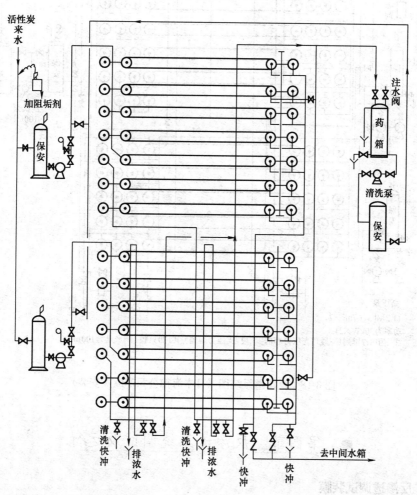

注 为9：5排列（一段9支压力容器，二段5支压力容器），产水量为80m³/h×2。

图 3-17 美国杜邦公司生产 BW30-4℃型

产水量下降，10％～15％时必须进行化学清洗。

三、反渗透系统工艺

目前反渗透系统工艺采用最多的是一级二段和二级四段，个别采用一级三段。示意如图 3-16 所示。

组件的数量是按产水量大小来决定的，1 只 1010 型产水 1m³/只。下面列出生产实际反渗透系统图如图 3-17 和图 3-18（管路连接图）所示。

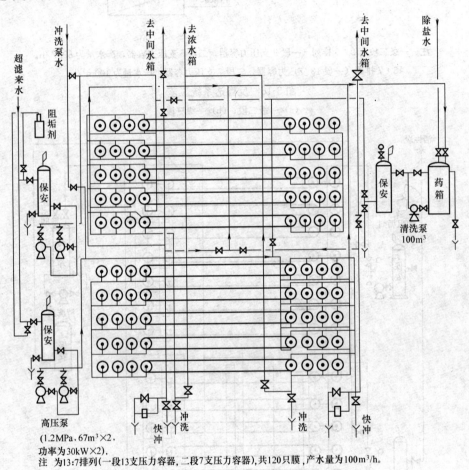

注 为13:7排列(一段13支压力容器,二段7支压力容器),共120只膜,产水量为100m³/h。

图 3-18　反渗透系统图（日本海德公司产欧美安装）

■ 第四节　反渗透系统调试及运行

一、反渗透调试装膜

反渗透系统设备全部安装完毕，并单机试车合格，预处理装置产水合格并符合反渗透进水水质后，反渗透压力容器便可进行膜组件的安装（因反渗透膜不能预先安装，必须在正式调试前安装）。

（一）膜组装（必须有三人以上进行）

1. 压力容器水冲洗

启动原水泵（预处理装置处于正常制水状态），高压泵入、出口阀与反渗透器进水阀、产水阀、浓排阀、排放阀全开，低压冲洗 3min。

2. 擦洗压力容器

停止水泵，关闭有关阀门，拆下压力容器两端封头（先拆产水管），用自来水（可用软管引入）单个冲洗压力容器，再用 3～5 块新毛巾拧成一团放入压力容器内，再用压力自来水将毛巾从一头冲向另一头，冲刷三遍。

3. 装膜

用毛巾擦洗完一支压力容器后，按水流方向将低压侧封头装好，把膜从密封袋内取出，按膜元件上的箭头指示方向将连接圈和密封圈涂上甘油后，两人托住推入压力容器内，并依次记录每只膜组件编号。当最后一支膜推入时很紧，应两人用力推，一人用锤头垫一木棒锤击装入，但锤击力不能太大，以防把膜组件顶坏。

4. 安装封头

膜元件全部（一般为六只）装入后，用专用塑料套管（与膜元件直径相同）垫上方木棒，用手锤锤击，使全部膜靠紧，应使其全部露出弹簧密封圈槽（装上封头），上好弹簧紧固圈或固定好螺栓。

逐个压力容器装膜全部完成。

5. 产水管连接

检查膜组件全部安装牢固后按产水管编号，依次连接上产水管和取样管。

（二）反渗透系统调试

1. 反渗透系统就地控制盘指标显示

反渗透就地控制盘如图 3-19 所示。

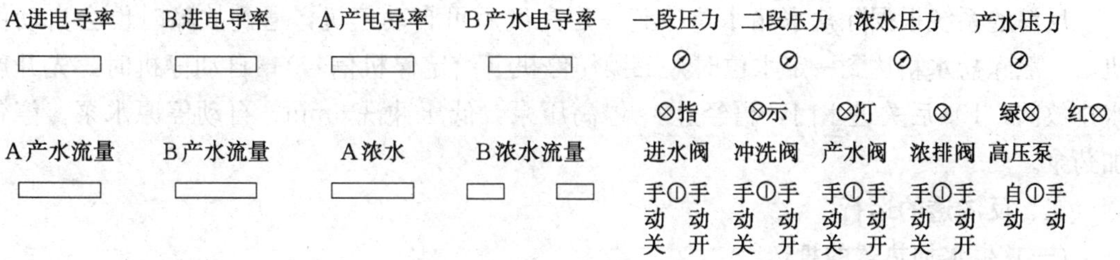

注　旋钮在中间位置处于关闭状态。

图 3-19　反渗透系统就地控制盘

2. 低压冲洗

气压正常为 0.6MPa，高压泵入口阀全开，出口阀开至正常流量位置。反渗透系统自动就地控制盘处于运行状态，旋钮高压泵扳向手动位置，进水旋钮、冲洗阀旋钮、浓水排放旋钮扳向手动开。启动原水泵低压冲洗 3min（图上保安以前的预处理装置都处于运行状态）。

3. 快冲洗

低压冲洗不停，启动高压泵快冲洗 2min。

4. 进入正常运行状态

化验产水，电导率合格后开产水阀旋钮，关冲洗阀（也叫产水排放阀），调高压泵出口阀、原水泵出口阀——控制反渗透系统进水流量，压力浓水排放阀流量（手动阀门）至规定范围，即压力正常，产水量正常，浓水流量正常，回收率为 74%～75%。

5. 测量与记录

分别测各压力容器产水电导率，总产水、进水、浓水电导率，并作记录。

6. 调整并计算各加药泵流量

要求达到规定值。加药泵的调整，米顿罗加药泵有两个旋钮，一个是频率旋钮，另一个是流量行程旋钮，频率旋钮一般在 50% 左右，它是根据流量实际状况来进行调整的。主要调行程，频率不要太高，以延长加药泵寿命。

7. 手动停车

开产水排放阀（冲洗阀），关浓水排放阀，停高压泵，用原水泵低压冲洗 3min 后停原水泵。手动停车完毕。

8. 自动开机

（1）反渗透系统就地控制盘所有旋钮都扳向自动位置，检查气压正常，前预处理装置都处于自动状态，阀门开关正常，反渗透系统便处于自控状态。操作自控主机鼠标进行程序启动，全部设备启动后，立即到现场检查设备运行状况，发现异常及时调整消除，使整套设备处于正常运行工况。

（2）自动开机后低压冲洗 3min，高压自冲洗 2min，产水门自动打，开冲洗阀，浓排阀自动关闭进入产水状态，检查记录各表计数据。

9. 自动停机

反渗透系统根据除盐水箱水位达到一定高度后可自动停机，遇到故障时也会自动停机。一般除盐水箱达到一定水位时人工操作停机（给定停机信号）；自动停机时，先开产水排放阀，10s 后关进水门，再经过 4s 停高压泵，低压冲洗 5min，自动停原水泵。停各加药泵。

二、反渗透的运行

（一）生水加热器的投运

在反渗透系统中，设计时一般给水都进行加热。特别是在冬季，采用地面水作水源的电厂，因地表水在冬季最低水温为 5℃ 左右，必须进行生水加热，使水温达到 20℃ 左右，以保证设备安全运行。

1. 加热器的投运条件

（1）当原水温度降至 15℃ 以下时，应投运生水加热器。

（2）反渗透设备启动后进入正常状态，立即投运加热器。

（3）加热器投运前，蒸汽压力必须正常。

（4）加热器各阀门正常，气动门开关正常。

2. 加热器分类

化学水处理用加热器主要有如下几种：

（1）混合式加热器。也叫管道混合加热器。

（2）表面式加热器。其内装蛇形弯管，蒸汽经蛇形弯管将水加热。

（3）高效板式换热器。目前被广泛采用。

3. 加热器投运操作

下面主要介绍表面式换热器的操作使用。其操作系统图如图 3-20 所示。

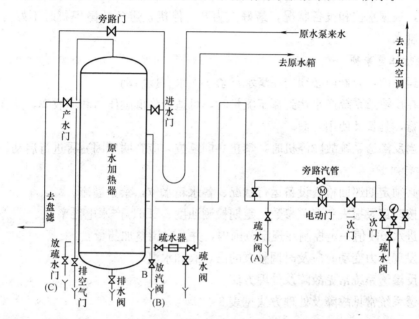

图 3-20 生水加热系统（300m³）

（1）关蒸汽管下疏水阀门，开加热器疏水阀和排汽阀门。

（2）关加热器蒸汽旁路阀，开加热器出入口水阀门，关上部排气门。

（3）开蒸汽一次阀，开蒸气自动阀前二次阀。

（4）微机加热器解锁，开自动汽阀，温度游标至 20℃时加热器自动投运。关加热器排汽阀。

4. 加热器停运

（1）微机温控游标回零，关闭自动汽阀并上锁。

（2）开蒸汽管下疏水阀，加热器排汽疏水阀。

5. 加热器的运行维护

（1）根据原水水温变化，定期调整蒸汽门的开度（二次门）。

（2）运行中若发现有水冲击发生振动时，开放汽阀排水至排汽阀无水时关闭。

（3）蒸汽一、二次门的调整，运行人员不得随便调整，必须会同班长或专业负责人一起调整。一次门全开、二次门开至正常供汽量且常开。

（4）如果自动门发生故障，运行人员可操作二次门进行加热器的启停操作，原则上，一次门处于常开位置。

（二）反渗透系统的运行及维护

1. 反渗透系统的开机、停机

可按调试步骤操作，在此不再重述。

反渗透系统的开机、停机都是自动的，当中间水箱水位降至开机水位时，主机接到需开机信号自动开机；当中间水箱水位高至停机水位时，主机接到停机信号自动停机。原水箱水位低，系统压力低等有关停机信号都会使系统自动停机。

为此，根据水位和设备状况，最好人为开、停机，避免故障停机时不好分析故障原因，影响制水。

2. 运行注意事项

（1）运行前，容器内必须先注满水，禁止无水直接启动。

（2）在反渗透系统产水达到额定流量时，可适当降低膜压力和回收率，这样有利于膜的长期运行，延长其使用寿命。

（3）当反渗透系统故障停机时，禁止立即复位，应查明原因后再进行启动。

3. 运行维护

（1）必须定期巡回检查设备运行状况、各水箱水位，禁止溢流。

（2）按时记录报表和有关参数。定期检测浊度、SDI、产水电导率。

（3）进水 pH 值一定控制在规定范围内，并及时调整加药量。

（4）发现压力变动时应及时调整泵的出口阀和水温。

三、反渗透系统常见故障及处理方法

反渗透系统常见故障及处理方法见表 3-4。

表 3-4　　　　　　　　　　反渗透系统常见故障及处理方法

故　　障	原　　因	处　理　方　法
给水 SDI 高	1. 过滤器运行时间长	应按期化学清洗
	2. 原水水质变化污染过滤器	查明原因，缩短清洗周期或加强预处理
	3. 超滤断丝内漏	查漏，或更换组件
	4. 过滤器滤芯污堵（保安）	更换保安滤芯
高压泵入口压力低，低压停车	1. 原水泵压力低，流量小	调整原水泵出口门
	2. 原水泵叶轮有杂物	原水泵叶轮清理
	3. 保安出入口压差大	更换保安滤芯
	4. 前系统装置个别阀未开	检查消除
	5. 过滤器出口压力正常,但保安入口压力低	过滤器产水母管管道混合器滤网污堵,应清理
反渗透进水压力高	1. 高压泵出口阀开度大	调小出口门至正常压力
	2. 进水温度升高	视情况关小蒸汽阀
	3. 反渗透膜污堵	化学清洗
	4. 反渗透膜结垢	清洗或更换组件

故　障	原　因	处 理 方 法
产水回收率低	1. 进水流量大	调小高压泵出口阀
	2. 浓水阀开度大	关小浓水排放阀
脱盐率低，产水电导升高	1. 原水水质变化，电导率大	查清原因，采取措施
	2. 预处理装置故障	检查预处理装置
	3. 进水 SDI 超标	过滤器故障，检查清除
	4. 膜污堵	化学清洗
	5. 压力容器内漏	压力容器查漏，更换，"O"型密封圈
	6. 膜结垢	清洗或更换组件
	7. 进水温度突然升高	调整加热器至规定温度
防爆膜爆裂	1. 产水阀误关或未开	查找原因，更换防爆膜
	2. 进水流量波动大	调高压泵节流阀
	3. 产水门开度小	开大产水阀
膜压差升高	1. 膜污染	化学清洗
	2. 过滤器泄漏	查漏消除
	3. 膜结垢	清洗或更换膜组件
产水量上升，电导率升高	1. 膜破损	查出更换膜组件
	2. 内连接密封坏	查容器内组件电导
	3. 刚清洗完毕	运行2～3d恢复
	4. 进水温度升高	调整加热器
低压停车	1. 原水泵故障	检查原水泵，或切换
	2. 超滤和盘滤同时反洗	调整反洗周期
	3. 保安滤芯污堵	更换滤芯
	4. 盘滤反洗后排水阀未自动关闭	检查更换，或暂时人工强制关闭（可关反洗排水手动总阀，听到自动关闭声，再开排水总阀）
产水量逐渐下降	膜污染或结垢	化学清洗
超滤膜组件爆裂（启动或超滤反洗时）	1. 原水泵压力过高，超过 0.35MPa	更换原水泵
	2. 超滤产水阀开速度快	延长超滤产水阀开启时间

■ 第五节　反渗透化学清洗

一、化学清洗的必要性

反渗透在正常运行状况下,特别是反渗透的渗透膜会被水中的有机物、胶体和金属氧化物(超滤对有机物的去除只有30%,而且只是相对分子质量大于50000的有机物,低于50000的全部进入反渗透系统)污染,尤其是间断运行的设备,细菌微生物会在膜表面滋生、繁殖,污堵渗透膜。所以,必须视运行状况,不定期地对反渗透组件进行合理的化学清洗。

另外,由于设计和运行控制不当会造成膜的结垢,故对膜也必须进行必要的化学清洗。

二、清洗周期

一般规定，如果反渗透系统设计合理，原水水质变化不大，运行（连续运行）正常，每三个月清洗一遍，最好半年一次，这是因为 PA 膜在酸洗时会收缩，当碱洗时会膨胀（这就是刚清洗完、投运后，产水电导率偏高，压力降低的原因），频繁清洗会造成膜性能衰减，减少使用寿命。若是在一个月内就必须清洗一遍，这就不正常了，应考虑加强前置水的预处理措施，或改进预处理工艺。

总的来讲，清洗周期应根据各单位所用水源水质变化情况和实际运行状况来决定。

三、反渗透清洗条件

反渗透的化学清洗方法，设备厂家都提供清洗导则。符合下列条件的必须进行化学清洗。

（1）标准渗透水流量下降（产水量）10%～15%。

（2）标准系统压差增加 10%～15%，正常压差为 0.35～0.4MPa。

（3）标准系统脱盐率下降 1%～2%，标准脱盐率为 98%。

（4）产水电导率明显升高。

（5）已证实污染严重。

（6）已证实膜结垢。

如果反渗透系统进水不进行加热且又是地面水，原水水温会随季节变化而变化。下面分述水温对系统压力、产水水质、产水量的影响。

1. 水温对系统压力的影响

当水温升高或降低时，反渗透系统压力也会随之变化（在高压泵出口阀不动的条件下），水温升高，系统压力降低；水温降低，系统压力升高，这是由于水的流动性能随温度变化而变化。例如某厂采用地面水为水源，当进水温度在 3～5℃时，产水量保持不变，反渗透系统一段压力为 1.4MPa，二段压力为 1.2MPa，浓水压力为 1.05MPa；在夏季，原水温度在 24～25℃时，产水量不变，反渗透系统一段压力为 0.85MPa，二段压力为 0.7MPa，浓水压力为 0.5MPa。

2. 温度对产水水质的影响

水温降低或升高 1℃，反渗透产水电导率会升高或降低 1～2μS/cm。

3. 温度对产水量的影响

水温升高或降低 1～2℃，产水量会增加或减少 2%～3%，即高压泵出口阀不动，温度升高，产水流量增加；温度降低，产水流量减少。

所以，反渗透在运行中要根据进水温度随时调节高压泵出口阀，使设备在额定流量下运行，以收到更好的经济效益，并保证设备安全运行。

四、反渗透渗透膜水中常见污染物质

1. 碳酸盐垢

原水中碳酸盐类超过其极限碳酸盐硬度值（1.5～2 倍）就会产生结晶析出，沉积在膜上，尤其在二段浓水侧，其浓缩倍数大大超过极限值，如果控制不好（如进水 pH 值、阻垢剂、水温等），膜上便会结垢，严重时在 24h 之内膜便会全部结垢堵死（2003 年 1

月，某厂已发生过此类严重事故）。

水中碳酸盐类在膜上产生浓差极化❶，也会产生结垢。如果出现了浓差极化现象，会引起膜表面渗透压力增大，使水透过膜的阻力增加，透水量和脱盐率会明显下降，并且还会造成结垢污堵。预防方法是，提高水的流速，浓水流量不得低于25%，这样可使水在紊流状态下流动，系统运行就不会产生浓差极化现象。

2. 锰/铁金属氧化物

原水中锰、铁等金属元素与空气接触，特别是地面水，被空气氧化或被水中残余氯（尤其是市政自来水）氧化后，则会在膜上或阴、阳离子交换树脂上沉积造成污染。通常水中只要有锰元素必然有铁元素，浓度超过0.05mg/L锰或铁就可造成膜的污染，使压差增加1～2倍，产水量减少20%～50%。

除铁方法前已叙述，不再重复。

3. 硫酸盐

原水中硫酸盐含量较高时，例如硫酸钙、硫酸镁、硫酸钡、硫酸锶等，易在反渗透系统后段析出沉积，一旦形成沉积，很难去除。

4. 硅酸盐

硅在原水中以晶体颗粒和胶体形态存在，并且硅的存在形式与水的pH值有关。当给水中pH>8时，硅酸会转化成硅酸根离子，它可与高价阳离子，如钙、镁、铁、铝等，形成不溶的硅酸盐，在反渗透后段析出沉积而污堵膜。

清除方法：①0.4%二氯化铵清洗；②0.1%氢氟酸+0.4%HCl清洗。

5. 有机物、胶体

反渗透系统进水NTU>1，SDI>3时，证明进水中有机物，特别是低分子有机物和胶体很高，最易引起膜污染，可使产水中盐通量迅速增高，电导率上升2～4倍。

清洗方法：用表面活性剂+NaOH清洗。

6. 细菌微生物

在反渗透系统中，虽然都进行杀菌处理，但并不十分彻底，PA膜又必须将余氯除去，所以还会有少量细菌微生物在反渗透系统内滋生繁殖，尤其是铁细菌、硫酸盐还原菌等。间断运行设备，更会造成细菌微生物的污染。

清洗方法：最好用EDTA钠盐+NaOH清洗效果最好，EDTA钠盐主要对铁有螯合作用，而高pH值又可分解有机物。

五、反渗透系统化学清洗

1. 常用清洗剂

(1) 对于金属氧化物（锰/铁），使用EDTA钠盐或磷酸，pH值为2.0。

(2) 对于钙、镁水垢，使用柠檬酸，pH值为2.5；或使用0.4%HCl，pH值为1～

---

❶ 浓差极化：反渗透在运行状况下，膜表面盐类被浓缩，同进水中的盐类之间存在浓度差。若浓水流量小、流速低时，高含量盐类的水不能被及时带走，在膜表面会形成很高的浓度差，阻碍了盐分的扩散，这种现象叫浓差极化现象。

2；还可使用 0.1%EDTA 钠盐＋0.4%HCl。

（3）有机物、胶体，使用表面活性剂＋NaOH，pH 值为 12；或使用 EDTA 钠盐＋Na_3PO_4。

（4）细菌、微生物，先用过氧乙酸清洗后，再用 EDTA 钠盐＋NaOH，pH 值为 12。

（5）油脂，使用 0.1%十二烷基磺酸钠＋H_2SO_4，pH 值为 7。

（6）硅垢，使用 0.4%二氯铵，或使用 0.4%HCl＋0.1%HF。

（7）有机物、胶体、细菌、微生物、油脂、硅垢综合清洗，使用 2%Na_3PO_4＋（0.25%～0.5%）十二烷基磺酸钠，pH 值为 10.0。

（8）垢和有机物，使用 0.8%EDTA 钠盐＋2%三聚磷酸钠。

2. 清洗步骤

（1）清洗方案确定。

（2）预备好药品和器具，以及劳保用品等。

（3）配药。按确定的清洗方案检查清洗系统是否完善，药品是否备齐。劳保措施是否完善。

1）先向药箱注 1/2 满水，启动清洗泵，开泵入口门、再循环门，清水循环，并检查系统有无泄漏。确认无泄漏，停泵，放水。

2）关闭放水阀，向药箱注水至 70%满，加 1%HCl 所需的量，再补足至所需液位，启动泵，开再循环门，混合并测 pH 值在 2 左右，循环持续 1min。

（4）检查反渗透及清洗系统状态。高压泵出口门关闭，产水手动阀关闭，底部回酸阀门（有的没装）打开，反渗透系统进酸阀开，浓水阀关闭，浓水侧回酸盲堵拆下换上连通管段，反渗透系统就地旋钮盘全部扳向手动位置，排放阀关闭。

（5）反渗透系统清洗。必须先酸洗，冲洗后再碱洗。

（6）每次清洗步骤和时间。

第一次循环 30min 后浸泡 30min～2h。

第二次循环 30min 后用清洗系统小流量清洗，排净酸洗系统及反渗透系统装置内的废液。药箱重新上满除盐水，开清洗泵进行循环冲洗（药箱补水阀继续补水，循环后再排掉清洗废液，然后重新进除盐水，冲洗三遍。

大流量冲洗：关闭反渗透系统进酸阀和底部产水回酸阀；拆除反渗透系统回酸短管，加上盲堵；开高压泵出口手动阀，反渗透系统全部取样阀；启动原水泵大流量低压冲洗至排水中性，停止备用。

（7）恢复各阀门，就地控制盘旋钮恢复备用状态。

（8）注意事项。

1）使用两种酸洗药品分别清洗时，必须在使用完第一种药品后进行充分冲洗至中性，方可换药清洗，以防造成对膜的有害损伤。

2）清洗时禁止使用阳离子表面活性剂，可用阴离子表面活性剂，否则会对膜造成无法恢复的污染。

3）决定用 NaOH 清洗时，必须先酸洗后再用 NaOH 进行清洗，避免在膜表面结垢。

4）清洗时必须先用小流量，后用大流量进行清洗，避免产生水冲击（因压力容器内有空气）将膜组件顶坏。

5）清洗时必须严格控制 pH 值，酸洗时 pH 值不小于 2，碱洗时 pH 值不大于 12。

第六节　反渗透的诊断与检测

一、反渗透系统产水电导率升高，系统脱盐率下降的原因

1. 系统脱盐率均匀地下降

反渗透系统产水电导率升高，脱盐率逐渐下降，按下面的方法查找原因。

用化验室便携式电导仪测每组压力容器的产水电导率是否普遍都比刚投产时偏高。主要原因有：

（1）还原剂加入量偏高或偏低。还原剂加入量偏低后原水中余氯不能全部除去，从而造成膜氧化，使膜性能衰减。加入量偏高会导致厌氧菌的繁殖，并还原 SO_4^{2-} 成 H_2S。

（2）在使用热交换器进行原水加热时调整不好，使加热器出水水温上升，透盐量会增加，使反渗透系统产水电导率升高，系统脱盐率下降。

（3）化学清洗失误、清洗液与膜不兼容、pH 值过高或过低都会使膜受到损伤，导致系统脱盐率下降。

2. 个别压力容器内漏浓水

如果运行中系统脱盐率突然降低，或检修装膜后产水电导率升高，主要有如下原因：

（1）设备启动时系统阀门误开或误关造成水冲击，导致压力容器内连接密封圈损坏，会使浓水进入产水，造成产水总电导率升高。

（2）反渗透系统检修新装膜时，由于操作不当或装倒，会使产水电导率升高。

以上原因可用做胃镜检查的方法进行查找，找出泄漏点，再进行拆卸检查。

二、反渗透胃镜探测

如果经过对压力容器的分别测定，产水电导率不是均匀地升高，而是一组或几组产水电导率偏高，某次实测数据见表 3-5。

表 3-5　　　　　　　　反渗透压力容器电导率的测定（13：7 排列）

一段压力容器13支	编号	101	102	103	104	105	106	107	108	109	110	111	112	113
	电导率($\mu S/cm$)	4.7	4.7	4.9	4.5	5.6	4.8	5.1	5.2	5.6	12.7	51.2	2.1	5.1

二段压力容器7支	编号	201	202	203	204	205	206	207
	电导率($\mu S/cm$)	13.6	14.9	9.1	3.4	3.3	4.1	3.4

根据实际测定的 110、111、201、202 几个数据，说明压力容器产水电导率偏高，可能是压力容器内某一支膜或某连接密封损坏造成内漏。需要进行胃镜探测来确定容器内的泄漏点，便于检修更换。

探测方法如下：

设备启动或正在运行中，将电导率偏高的压力容器内产水导管拆下，用一根比膜组件

产水管内径细 10～12mm 的硬 PVC 管（电线套管），按膜组件 1100mm 长一段一段用塑料胶带（带颜色）缠绕做记号，两支膜的间隔距离也做好记号。探测管如图 3-21 所示。

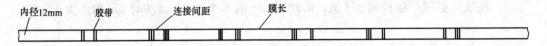

图 3-21　PVC 探测管

压力容器探测如图 3-22 所示。

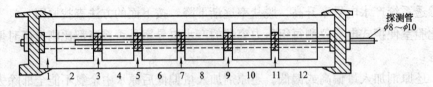

图 3-22　压力容器探测

拆下产水导管后产水继续向外流出。将 PVC 探测管从拆下产水导管侧插入探测容器内至第六支膜尽头测封头密封。膜产水从探测管内流出，用烧杯取水样立即测其电导率。再将探测管向外抽至第六支膜中间处取水样，将探测管抽至第六支与第五支膜连接密封处取水样，将探测管抽出至第五支膜中间取水样，……，依次将探测管抽出至测量位置取水样到产水侧封头密封处止。记录每次测量值，根据测量数据判断哪支膜或密封内漏浓水。某次实测数值见表 3-6。

表 3-6　　　　　　　　　　　　　　110 压力容器探测结果

序号	1	2	3	4	5	6	7	8	9	10	11	12
结果（电导）	7.94	7.78	6.06		7.39	4.85	6.06	5.64	4.04	4.96	6.99	11.56

根据以上探测，从测量的电导率值确定某一连接密封内漏或某一支膜内漏（如 1、5、11、12 处漏浓水支），待设备停运后，将此压力容器两封头拆下，更换内漏的密封圈或膜组件。

三、结垢膜组件的检测

反渗透膜如果被确定已经结垢，经化学清洗，产水电导率仍恢复困难时，可能是还有没清洗干净的膜组件，或膜组件本身已很难清洗。可用如下方法检测是否需要更换膜。

已确定某压力容器有问题，将该压力容器拆下封头，抽出膜组件，对膜组件分别进行称重，一般新膜单支质量为 17.5kg，超过此质量的膜说明有垢，膜越重说明其含垢量越多，对质量大的膜可更换上新膜。（作者曾遇到膜结垢最重的达 31.5kg。）

四、检修时检查内漏点

当反渗透系统检修时，将膜从压力容器内向外抽出时认真检查每个密封件和密封处。如果密封处有内漏，则该处会有附着物和内漏痕迹，该处密封圈必须换新；如果密封圈有划痕或损伤，必须进行处理后再装入压力容器，损伤严重且不能修复的，必须更换新组件。

原则上，当某一压力容器有密封圈损坏，则这一压力容器内所有密封必须全部更换新密封，尤其是运行一年以上的反渗透系统设备。

第七节 反渗透运行问题探讨

一、调整进水 pH 问题

在反渗透系统中，不同的膜对进水的 pH 值要求不同，如 PA 膜在 pH 值为 $6.5 \sim 8.0$ 时脱盐率最高。当去除余氯不用活性炭而用亚硫酸钠时，其反应式为

$$NaHSO_3 + HClO = NaHSO_4 + HCl \quad pH 值 \downarrow$$

根据以上反应，加还原剂后水的 pH 值会下降，必须加 NaOH 提高 pH 值，而且还能降低水中的 CO_2，但 NaOH 的加入点应在加还原剂以后。有的单位将 NaOH 的加入点设计安装在加还原剂以前，并且控制 pH 值为 8.9 ± 1，这样，会使过滤器产水母管（加药点都在此母管上）产生碳酸盐水垢，堵塞管道混合器滤网，造成反渗透系统低压停车。另外，一旦碳酸盐形成结晶，还会使阻垢剂的阻垢效率降低，控制稍有不当，最终会造成反渗透膜的结垢。具体分析如下：

1. 原水中钙、镁盐类的存在形式

Ca、Mg 盐类在天然水中的存在形式随水的 pH 值变化而改变，其水解反应是可逆的

$$Ca(HCO_3)_2 \underset{在水中}{\rightleftharpoons} CaCO_3 + CO_2 + H_2O$$

减少 CO_2，反应向右进行，$CaCO_3$ 结晶；增加 CO_2，反应向左进行，抑制 $Ca(HCO_3)_2$ 分解，其可逆反应随水的 pH 值变化如下：

pH$<$8.4：Ca、Mg 全部以 $Ca(HCO_3)_2$ 形式存在，且稳定。

8.4$<$pH$<$10：$Ca(HCO_3)_2$ 逐渐转化成 $CaCO_3$ 形式。

pH$>$10：水中 $Ca(HCO_3)_2$ 全部转化成 $CaCO_3$ 结晶析出。

2. 水中先加碱

向水中先加 NaOH 后加还原剂，其反应如下

$$Ca(HCO_3)_2 = CaCO_3 \downarrow + CO_2 + H_2O$$
$$结晶 \quad +$$
$$H_2O + CO_2 + NaOH \longrightarrow NaHCO_3 + H_2O \quad pH 值 \uparrow$$

再加 $NaHSO_3$

$$NaHSO_3 + HClO \longrightarrow NaHSO_4 + HCl \quad pH 值 \downarrow$$
$$OH^- + H^+ \longrightarrow H_2O \quad 中和$$

要求设计反渗透系统进水 pH 值控制在 8.9 ± 1，必须每加 NaOH 才能保证此 pH 值。当多加 NaOH 时，原水中在加入点处，水的 pH 值肯定超过 10，此时，$CaCO_3$ 已经形成结晶，便会在母管及管道混合器内结垢，堵塞滤网孔。

3. 水中先加还原剂

应采用先加还原剂 $NaHSO_3$ 后加 NaOH 来提高进水 pH 值，其反应如下

$$NaHSO_3 + HClO \longrightarrow NaHSO_4 + HCl \quad pH\ 值 \downarrow$$

再加 NaOH

$$HCl + NaOH \longrightarrow NaCl + H_2O$$

$$2NaOH + CO_2 \longrightarrow Na_2CO_3 + H_2O$$

NaOH 过量

$$NaOH \xrightarrow{\text{水解}} Na^+ + OH^- \quad pH\ 值 \uparrow$$

通过这样维持反渗透系统进水 pH 值在 8.0 左右,使反渗透膜达到最高脱盐率,如图 3-14 所示。

某厂设计,先加 NaOH 后加 NaHSO$_3$,现已造成超滤产水母管结垢并堵塞管道混合器,造成反渗透系统低压停车现象。

4. 加氨代替加 NaOH 的探讨

反渗透系统进水加 NaOH 的主要目的是去除原水中的 CO$_2$,提高 pH 值,若改为加氨除 CO$_2$,提高 pH 值效果会更佳,其反应如下

先加还原剂去除余氯

$$NaHSO_3 + HClO \longrightarrow NaHSO_4 + HCl \quad pH \downarrow$$

再加氨

$$NH_4OH + HCl \longrightarrow NH_4Cl + H_2O$$

$$NH_4OH + CO_2 \longrightarrow NH_4HCO_3 \quad pH = 7.9$$

此 pH 值正符合反渗透系统 PA 膜脱盐的要求。并且,PA 膜的透过机理是依据其形成氮—氢键理论进行工作的,进水中加氨会促进 PA 膜形成氮—氢键,使膜的性能更好。

另外,加氨加入量低,价格便宜,操作简单、安全、经济。

二、在全膜脱盐系统中盘滤前加无阀滤池

在全膜脱盐系统中,其原水大都采用地面水和市政自来水,水中的胶体有机物都不同程度存在。盘滤只能去除水中 50~100μm 的物质,有机物、胶体等不能除去,全部进入超滤,使超滤设备必须经常进行化学清洗,造成很大的浪费,而且影响安全生产。

最好在盘滤前加装无阀滤池(多介质过滤),投资少,见效快,再在无阀滤池前投加一定量的混凝剂,使水中胶体脱稳凝聚成大颗粒状,连同悬浮物一并被过滤除去。这样会大大降低盘滤及反渗透系统的负担,减少清洗设备的次数,降低生产成本。

三、在超滤后加装高速活性炭过滤器

目前在反渗透系统中,前置预处理装置大都采用超滤。超滤只能去除水中相对分子质量超过 50000~100000 的有机物胶体,多数低分子有机物不能去除,造成反渗透渗透膜的污染,这是困扰化学水处理工作人员的一个重大问题。多数工作人员困惑,原水水质含盐量不高,浊度很低,污染指数在 1~2,但反渗透系统脱盐率会下降,压力升高。根本原因就是水中低分子有机物胶体被污染。

超滤后加装活性炭过滤器,不但能吸附、过滤去除水中低分子有机物胶体,还可不加还原剂和 NaOH,除去水中余氯,而且可保证超滤膜不受细菌微生物污染,这样会进一步降低制水成本,保证设备安全运行。

第四章 阴、阳离子交换除盐

阴、阳离子交换树脂除盐技术是 20 世纪 60 年代末引入我国的，在电力系统中广泛使用至今。20 世纪 70 年代，当时东北电力研究院主要研究浮动床、东北电力多采用；山东电力研究院重点研究固定床除盐技术；上海电力设计研究所重点研究移动床和流动床除盐技术，特别是流动床在南方得到广泛应用。阴、阳离子交换除盐是水的全部除盐技术使用最可靠的技术，其主要流程如下：

原水——原水箱——原水泵——过滤——活性炭过滤——清水箱——清水泵——阳床——脱碳器——中间水箱——中间泵——阴床——混床——除盐水箱——除盐水泵——用水点（锅炉）。

■ 第一节 离子交换树脂

一、离子交换树脂

1. 交换树脂

离子交换树脂遇水时可将其本身的某一种具有活性的离子和水中某电离子相互交换，即发生置换反应，去除水中可溶解的离子。但交换树脂本身不溶于水，并且其交换反应是可逆的，树脂失效后可以用相应化学药剂（阳树脂用 HCl 或 NaCl，阴树脂用 NaOH）再生还原继续使用。

2. 离子交换树脂的结构

离子交换树脂有粉状（电渗析和 EDI 使用的阴、阳膜）和球状，都是人工合成的，结构较复杂，主要由两部分组成：一是高分子聚合物骨架，记作 R；另一部分是带有可交换离子的活性基团，例如磺酸基（$-SO_3H$）、羟酸基（$-COOH$）和季胺基 [$-N(CH_3)_2OH$] 等，其外观是白色、米黄色小球，直径为 $0.35\sim1.2mm$，其外形如图 4-1 所示。

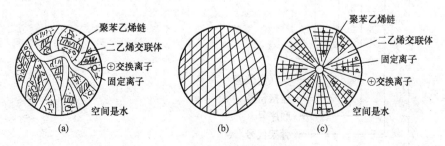

图 4-1 阳离子交换树脂剖视图

(a) 凝胶型（001×7）；(b) 等孔型（101×7）；(c) 大孔型（D001）

3. 制作

(1) 骨架部分。主要是以苯乙烯做单体，二乙烯苯做交联剂，经共聚缩合反应生成共聚物，然后引入不同的活性基团。

(2) 活性基团。一是固定部分与母体牢固地结合，不能自由移动，称为固定离子；二是活动部分，遇水后电离，并与水中同种电荷的离子进行置换反应，叫可交换离子，例如 R—H 是阳离子交换树脂，R—OH 叫阴离子交换树脂。

4. 分类

(1) 按聚合物单体分。

1) 苯乙烯系磺酸型（$-SO_3H$）阳离子交换树脂，$-COOH$。

2) 苯乙烯系阴离子交换树脂，$\equiv NHOH$ 和 $-NH_3OH$。

(2) 按树脂结构分。

1) 凝胶型树脂，树脂内和表面有大量的网孔。

2) 大孔型树脂，其网孔是从球中心向外呈辐射状，内小外大。这种结构是骨架中固有的，而不是溶胀而产生的，无论在干、湿状态下都存在。该树脂比表面积大，交换过程中离子扩散快，所以交换速度快，效率高，稳定性好，但抗污染能力强。该树脂能去除水中的有机物胶体物质，而凝胶型则无此功能。它具有活性炭式的吸附作用，同时有离子交换功能，特别使用于浮动床和流动床。其吸附的有机物胶体易被 NaOH 再生液解离而洗掉。

3) 等孔型树脂，它是一种新型树脂，具有凝胶型树脂和大孔型树脂的所有性能，但价格太高还不能普及使用。

(3) 按交换基团分。有强酸型、强碱型、弱酸型、弱碱型、螯合型、两型、氧化还原型等。

(4) 按使用性质分。有阴、阳交换型、浸渍型、吸附型等。

5. 离子交换树脂的型号

为了区分不同的树脂，所有交换树脂都标有型号，其型号标注如下。

(1) 凝胶型树脂。

例如： 0 0 1 × 7

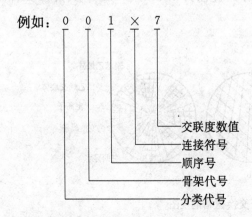

交联度数值
连接符号
顺序号
骨架代号
分类代号

(2) 大孔型树脂。

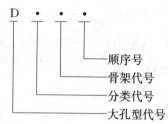

D · · · ·
     顺序号
    骨架代号
   分类代号
  大孔型代号

（3）分类代号及名称与骨架代号及名称。见表4-1。

表 4-1   分类代号及名称与骨架代号及名称

分类代号	分类名称	骨架代号	骨架名称
0	强酸型	0	苯乙烯系
1	弱酸型	1	丙烯酸系
2	强碱型	2	酚醛系
3	弱碱型	3	环氧系
4	螯合型	4	乙烯吡啶系
5	两 型	5	脲醛系
6	氧化还原型	6	氯乙烯系

二、离子交换树脂的性能

1. 物理性能

（1）外观。苯乙烯系均呈米黄色，丙烯酸系呈无色透明，有的呈乳白色；大孔型呈乳白色。

但使用过的树脂颜色会加深，如凝胶型树脂会呈棕红色，铁中毒后先呈棕红色，严重中毒呈黑色（已失去交换功能），氧化后呈白色（也失去交换功能）。

（2）粒度。凝胶型树脂一般为 0.35～1.0mm。

（3）密度

1）湿真密度。阳树脂常比阴树脂的湿真密度大。

2）湿视密度。阳树脂为 0.82g/mL，阴树脂为 0.71g/mL。

（4）机械强度。耐磨率一般为 3.5%，不能超过 6%。

还可通过经验测试，取少量树脂，用母指和食指用力捻，不碎则为合格（经验）。

（5）耐温性。阳树脂可耐 80～120℃的温度；阴树脂，强碱性不超过 60℃，弱碱性不超过 100℃。

（6）溶胀性。干树脂遇水会膨胀，不能脱水，否则会碎裂，要使用食盐水进行浸泡，树脂便充分膨胀。

强酸 R—Na 型转 R—H 型，膨胀率为 5%～7%；

强碱 R—Cl 转 R—OH 型，膨胀率为 10%。

所以在填装树脂时，应留有一定的膨胀空间。固定床需留膨胀＋反洗空间；浮动床，需留膨胀＋水垫层 100～200mm 空间，否则会造成再生不彻底，周期制水量少。

2. 化学性质

（1）离子交换反应是可逆的，其反应如下。

制水 $$2R-H+C_a^{2+} \longrightarrow R_2-Ca+2H^+$$

再生 $$2R-Ca+H^+ \longrightarrow 2R-H+Ca^{2+}$$

(2) 具有酸碱性。即 H^+ 和 OH^- 型

(3) 对离子有选择性。

阳：$Fe^{3+}>Al^{3+}>Ca^{2+}>Mg^{2+}>NH_4^+>K^+>Na^+>H^+>Li^+$

阴：$PO_4^{3-}>SO_4^{2-}>NO_3^->Cl^->HCO_3^->HSiO_3^->OH^->F^-$

(4) 交换容量。

1) 全交换容量。强酸型树脂为 $2\sim2.5$ mmol/L；强碱型树脂为 $1.5\sim1.75$ mmol/L。

2) 工作交换容易。强酸型树脂为 $500\sim700$ mmol/L；强碱型树脂为 175mmol/L。

一般，工作交换容量按理论交换容量的 65% 计算。

三、离子交换树脂的交换原理及交换过程

1. 交换剂解离

离子交换树脂中的交换基团 $R-SO_3^--H$ 在水中发生电离

（人为加入的 交换离子；固态）

$$R-SO_3-H \longrightarrow R-SO_3+H^+$$

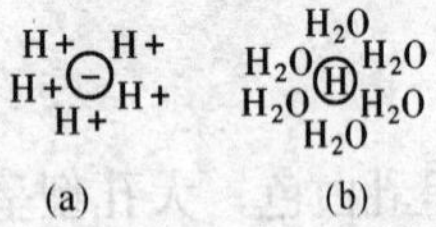

图 4-2　离子交换
过程示意
(a) 阳离子树脂电离后
形成离子雾；(b) 树脂
中的 H^+ 被水分子包围

电离的 H^+ 在距本体一定距离内处于热振动状态，整个核体被 H^+ 包围形成离子雾，如图 4-2 (a) 所示。

2. 与水中相关离子发生置换反应

$$R-SO_3-H+Na^+ \longrightarrow R-SO_3-Na+H^+$$

进入水中，溶液 pH 值下降交换，过程分六步进行。

(1) 水中 Na^+ 扩散至树脂水膜表面，H^+ 水膜。

(2) Na^+ 穿透水膜扩散到树脂交换基团表面。

(3) Na^+ 穿过树脂交换基团表面，进入网孔与 H^+ 换位。

(4) H^+ 扩散到树脂表面。

(5) H^+ 穿过水膜扩散到膜外面。

(6) H^+ 进入水中，使溶液 pH 值下降。

以上交换过程同步进行，离子的扩散速度影响交换速度，故水的流速不能太高也不能太低，一般为 $4\sim10$ m/h。

四、影响离子交换速度的因素

1. 水中有机物、胶体、细菌微生物含量

离子交换速度与水中有机物、胶体、细菌微生物含量有关，这些物质含量高，则会堵塞树脂网孔，影响离子扩散，严重时还会造成树脂失去交换功能。

2. 被除去离子浓度

离子交换速度与被除去离子浓度有关，具体影响如下：

(1) 浓度小于 0.003mmol/L，交换过程是外膜扩散。

（2）浓度大于 0.1mmol/L 是膜内扩散。

（3）浓度大，交换速度快。

3. 被除去离子的性质

（1）离子价越高，越易交换。

（2）水合半径❶越小，越易交换。例如 Ca^{2+} 水合半径为 10×10^{-10} m，Mg^{2+} 水合半径为 13.3×10^{-10} m，Na^+ 水合半径为 7.9×10^{-10} m。

4. 交联度和粒度

（1）交联度低，网孔大，易扩散。

（2）粒度小，比表面积大，易扩散，但不能太小，太小则阻力大，一般为 0.35～1.0mm。

5. 溶胀性

溶胀性大，易交换，但不能太大，否则树脂易破碎，强度降低。

6. 温度

温度高，交换速度快，一般控制在 18～25℃。

■ 第二节　离子交换树脂的保存和使用

一、树脂保存

新树脂要求立即填装使用。用户必须留存少量树脂，作为以后补充使用，一般按每年 2%～10% 的数量留存，特别是使用浮动床的用户，更需存有备用树脂。

保存树脂要注意以下几点：

（1）防止脱水。在塑料袋内灌满 10% 以上的食盐水，密封后保存。

（2）阴、阳树脂必须分别存放，以免袋破使树脂混合。

（3）防冻。因树脂本身含有 50% 水分，在冬季易冻坏，故必须存放在室内。

（4）检修后的旧树脂准备进行复苏后再用，需要存放时，要进行转型后存放。强酸型转为 Na^+ 型，强碱型转为 Cl^- 型，弱酸型转为 H^+ 型，弱碱型转为 OH^- 型，对强酸强碱型树脂，都分别用食盐水转型。

NaCl 溶液浓度和冰点的关系见表 4-2。

表 4-2　　　　　　　　　　　NaCl 溶液浓度和冰点的关系

NaCl 百分含量（%）	10℃时相对密度	冰点（℃）	NaCl 百分含量（%）	10℃时相对密度	冰点（℃）
10	1.074	−7	20	1.153	−16
15	1.113	−11	25	1.182	−22

---

❶　水合半径：水中的离子周围都有一层水分子包围，水分子包围的多少与离子的活度有关，离子本身和外层水膜的半径，称之为离子的水合半径。

二、离子交换树脂的选用

不同设备对离子交换树脂的选用见表 4-3。

表 4-3 离子交换树脂选用

设备名称	粒 径（mm）	树脂型号（＋牌号）
固定床	0.75～1.0	001×7，201×7，D113，D301
浮动床	0.35～1.0	001×7FC，201×7FC，D111FC，D201FC
混合床	0.8～1.0	001×7MB，201×7MB，D001MB，D201MB

三、新树脂的预处理

新树脂在制作过程中，常含有未参与反应的有机物和低分子聚合物以及铁铜、铅等杂质，如果直接使用会影响产水水质，交换容量也会降低。为此，新树脂在使用前必须进行预处理，一般按下列方法进行。

少量树脂可在一定容积的容器内进行，大量树脂可在设备内进行，实际生产中一般都在交换器内进行。

1. 新树脂填装

先将交换器内从底部上水至 1/2 处，打开上部人孔门装入树脂。最好用水力喷射器进行填装。

对于浮动床，从上部人孔门无法将树脂装满，可利用擦洗罐进行填装。

2. 水冲洗

新树脂可直接用水冲洗至水清，最好先用 10％的 NaCl 溶液浸泡 8～12h 后再冲洗。因为新树脂制作完后经过运输、贮存，部分树脂会脱水，所以应先用 10％NaCl 溶液浸泡让树脂充分膨胀和溶解有机物等杂质，这样再进行冲洗处理效果好。冲洗时最好使用反洗。

3. HCl 溶液处理

冲洗水清后，阳树脂用 3％～5％HCl 溶液（树脂 2 倍体积）浸泡 2～8h（用再生系统压酸），然后再用水冲洗至中性。

4. 碱处理

将再生碱系统临时接入阳床，压碱使用 3％～4％NaOH 溶液（树脂 2 倍体积）浸泡 2～8h，然后用水冲洗至中性，并拆除压碱临时管❶。

5. 再生

阳树脂碱处理完后，按正常再生步骤进行再生后备用。

阴床不用进行再生，碱处理完后直接进入备用状态。

6. 阴树脂预处理

用 2、3、4 步骤进行处理。

---

❶　临时用管采用耐压橡胶钢丝缠绕管，或在酸碱再生管法兰靠近处截去一段管，再用一专用连接管将酸、碱再生管交替连接，用完后恢复。

7. 预处理用水

阳离子树脂使用清水泵，而不是用原水冲洗。

阴离子树脂使用中间水，最好是除盐水。

四、旧树脂复苏处理

离子交换树脂在长时间使用后会不同程度地受到污染，交换能力降低，周期制水量减少。需要用化学方法进行处理，使其恢复交换能力，这称为树脂复苏。

1. 判别树脂的污染程度

（1）判别树脂铁污染。判别树脂铁污染见表4-4。

表4-4　　　　　　　　　　树脂铁污染程度判别

含铁量（%）	树脂颜色	污染程度	含铁量（%）	树脂颜色	污染程度
<0.01	透明清澈	无污染	>0.1	深棕色	重污染
0.01~0.10	棕红色	中等污染	>0.5	黑色	失效

（2）判别有机物胶体细菌污染程度。判别有机物胶体细菌污染程度见表4-5。

表4-5　　　　　　　　　　有机物胶体细菌污染程度判别

树脂外观颜色	污染程度	树脂外观颜色	污染程度
清澈透明，颜色较浅	无污染	棕红色发乌	重度污染
浅棕色清澈略显草黄	轻污染	棕黑色	严重污染
棕色不清	中度污染	抱团，乌棕黑色	失效

2. 重度污染树脂的复苏（一般复苏）

（1）先将树脂大反洗或擦洗，直到排水清。

（2）用2倍体积的10%NaCl溶液，先淋洗后浸泡（在床内）。

（3）水冲洗至水清。

（4）2倍体积的3%~5%HCl溶液，用再生系统（计算好用酸量）先淋洗至酸液用完时，关闭排废酸阀，浸泡2~8h。

（5）反洗法冲洗至中性。

（6）用2倍体积的3%~4%NaOH溶液，利用碱再生系统先淋洗至用完碱液时关闭排废液阀，浸泡2~8h。

（7）反洗冲洗至中性。

（8）阳树脂按正常再生剂量的1.5倍用酸量再生备用。

（9）阴树脂按正常再生剂量再生备用。

3. 严重污染树脂的复苏

（1）树脂大反洗或擦洗，至水清。

（2）先用2倍体积的10%NaCl溶液，先淋洗后浸泡2~4h。

（3）水冲洗至排水清。

（4）用 2 倍体积的 1%NaHClO 溶液，淋洗后浸泡 4～8h，杀菌。

（5）水冲洗至无余氯。

（6）2 倍体积的 1%～2%NaHSO$_3$ 溶液，淋洗后浸泡 4～8h，使 Fe^{3+} 还原成 Fe^{2+}。

（7）水冲洗至中性。

以上步骤加药时可用大缸配药，用一潜水泵从空气门注入，或用碱再生系统。

（8）酸洗。2 倍体积的 3%～5%HCl 溶液，淋洗后浸泡 2～4h。

（9）水冲洗至中性。

（10）2 倍体积的 3%～4%NaOH 溶液，淋洗后浸泡 2～4h。

（11）水冲洗至中性。

（12）阳树脂再生、备用，阴树脂可直接备用。

以上方法应尽量少用，只有当树脂严重污染或准备报废更换时方可采用。复苏后的树脂便恢复了交换能力，效果很好。复苏后的树脂还能用 3～5 年，节约树脂更换费用，尤其是阴树脂的价格贵。如果继续使用 2～3 年后周期制水量减少明显，可第二次用该法进行处理，直至不能使树脂恢复时便要更换新树脂。

五、不同树脂的分离

在生产上，阴、阳树脂会不可避免地造成混合，例如布水装置泄漏，树脂捕捉器坏，阳树脂会进入阴床造成阴、阳树脂混合。阴、阳树脂混合会致使阴床产水水质差，周期制水量减少，或在存放时误装等。

分离方法有如下几种：

（1）在容器内，底部进水，上部排水，低流量，利用阴、阳树脂的密度差进行分离。如混合床的再生就是利用此法。

（2）用 10% 的 NaOH 溶液。将混有阳树脂的阴树脂倒入缸内进行搅拌、待静止后，阴、阳树脂会自然分离。少量树脂可用这种方法，生产上，大量树脂一般不用，主要考虑人身安全。

（3）用浓度为 25% 以上的食盐水分离。用两只（溶积 250kg）以上的大缸，注入 1/2 的除盐水，加入 NaCl，测浓度超过 25%，然后将树脂倒入后搅拌，静止后将上部阴树脂用网捞出装入袋内，阳树脂下沉。

注意事项：

最好将食盐水加温至 25～30℃，这样分离速度快。

当树脂不上浮分离时，证明食盐浓度低，必须再加入适量的 NaCl，测量浓度达到要求后树脂便分离。

用以上方法时，可先在床内低流量反洗，自然静止后压出底部少量树脂进行分离，不必整床树脂全部分离。原因是在床内，上部很少有阳树脂，阳树脂基本都在下部，这样做可减少工作量。

床内树脂全部卸出后，床底还会存有少量树脂。可混同上部细石英砂一块卸出，再去除砂中的树脂，装入石英砂或直接更换上部的细石英砂。

（4）NaCl 溶液密度与百分含量表。见表 4-6。

密 度 (g/cm²)	百分含量 (%)	NaCl 含量 (g/L)	密 度	百分含量 (%)	NaCl 含量 (g/L)
1.005	1	10.1	1.148	20.0	230
1.034	5	51.7	1.189	25.0	297
1.071	10	107.1	1.200	26.4	318
1.109	15	166.0			

表 4-6 　　　　　　　　　NaCl 溶液密度与百分含量表

第三节　离子交换除盐工艺

离子交换除盐就是利用离子交换树脂的重要化学特性——离子交换，用交换树脂中的可交换离子，例如 H^+ 或 OH^- 离子置换水中的 Ca^{2+}、Mg^{2+}、SO_4^{2-}、CO_3^{2-} 等无机盐类，这个过程叫离子交换除盐。

一、离子交换

以阳床为例，水通过离子交换树脂时发生如下交换，也叫置换反应。

1. 阳树脂

$$R-H+\begin{matrix}K^+\\Na^+\end{matrix}\longrightarrow R-\begin{matrix}K\\Na\end{matrix}+H^+$$

$$2R-H+\begin{matrix}Ca^{2+}\\Mg^{2+}\end{matrix}\longrightarrow R_2-\begin{matrix}Ca\\Mg\end{matrix}+2H^+$$

$$3R-H+Fe^{3+}\longrightarrow R_3-Fe+3H^+$$

2. 阴树脂

$$R-OH+\begin{matrix}Cl^-\\HCO_3^-\\HSiO_3^-\end{matrix}\longrightarrow R-\begin{matrix}Cl\\HCO_3\\HSiO_3\end{matrix}+OH^-$$

$$2R-OH+SO_4^{2-}\longrightarrow R_2-SO_4^{2-}+2OH^-$$

$$3R-OH+PO_4^{3-}\longrightarrow R_3-PO_4+3OH^-$$

在水中
$$H^++OH^-\longrightarrow H_2O$$

二、树脂的再生

阴、阳离子交换树脂经过一段时间的交换（制水），其可交换离子 H^+ 和 OH^- 被水中的阳、阴离子全部置换完，此时，交换树脂称为失效。要使其恢复制水能力，必须进行再生，即把树脂中的无机盐类置换出来，使树脂重新恢复成 H^+ 型和 OH^- 型，能够继续进行交换（制水），这一过程称为离子交换树脂的再生。

1. 阳树脂再生

用 HCl 溶液，再生反应如下

$$R-\begin{matrix}Na\\K\end{matrix}+HCl\longrightarrow R-H+\begin{matrix}NaCl\\KCl\end{matrix}$$

$$R_2 - \genfrac{}{}{0pt}{}{Ca}{Mg} + 2HCl \longrightarrow 2R-H + \genfrac{}{}{0pt}{}{CaCl_2}{MgCl_2}$$

$$R_3 - Fe + 3HCl \longrightarrow 3R-H + FeCl_3$$

2. 阴树脂再生

用 NaOH 溶液，反应如下

$$R - \genfrac{}{}{0pt}{}{Cl}{HSiO_3} + NaOH \longrightarrow R-OH + \genfrac{}{}{0pt}{}{NaCl}{NaHSiO_3}$$
$${}^{HCO_3}{}^{NaHCO_3}$$

$$R_2 - SO_4 + 2NaOH \longrightarrow 2R-OH + Na_2SO_4$$

再生置换出的阴、阳离子分别随再生废液排掉。

三、离子交换设备

离子交换设备有很多类型。

1. 分类

（1）软化器（床）。

（2）固定床。分顺流（上进下排）再生、逆流再生，逆流再生又分顶压和无顶压床。

（3）浮动床。下部进水，上部产水；再生液上进、下排。

（4）移动床。树脂失效后移至再生塔，再生后再移入交换（制水）床内。

（5）流动床。树脂的交换（制水）过程和再生过程都处在流动状态。

（6）混床。阴、阳树脂在同一床内互相混合，失效后需分别再生。

（7）双流床。上、下同时进水，中间排产水。

（8）双室床。床内中间有一隔板（∩），水从一侧底部进入上部流出，又经过另一侧，上进下排产水。

（9）双层床。树脂在床内分上下两层，分别装不同型号的树脂。

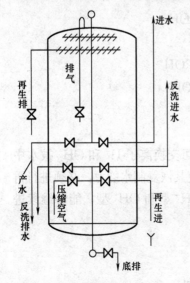

图 4-3 逆流再生固定床结构图

以上各种设备都是用于阴、阳离子交换除盐，只是构造不同而已，下面着重介绍使用最多的固定床离子交换器。

2. 固定床离子交换器（床）

固定床离子交换器按其再生运行方式不同分顺流再生和逆流再生，自进入 20 世纪 80 年代以来，大多采用逆流再生工艺。

逆流再生固定床又分顶压逆流再生和无顶压逆流再生。无顶压逆流再生工艺是 1984 年山东淄博周村水处理设备厂开发研制的，并在全国推广使用。

（1）无顶压逆流再生固定床构造。无顶压逆流再生固定床构造见图 4-3。

（2）阳床的运行。

固定床运行流速控制在 20m/h，浮动床为 40～50m/h。

在阳离子交换器内，水从上部经过树脂层，水中的 Na^+、K^+ 阳离子先与树脂中 H^+ 发生置换反应，之后水中 Ca^{2+}、Mg^{2+} 等高价离子又与树脂中的 Na^+、K^+ 离子发生置换反应，Na^+、K^+ 又进入下部树脂，上层树脂逐渐被 Ca^{2+}、Mg^{2+} 等高价离子占满，上部树脂先处于失效状态，Ca^{2+}、Mg^{2+} 等高价离子含量沿树脂层逐渐下降。这样，最下部树脂全部为 Na 型；其次为 Na、Ca、Mg 型，称为工作层；中、上部为失效型。其离子分布如图 4-4 所示。

根据阳离子在床内树脂层的分布状况，阳床漏 Na^+ 便说明树脂接近失效。为保证产水水质，使阴床更好地工作，不能漏 Na^+ 量太多。所以一般规定阳床产水漏 Na^+ 量超过 $100\mu g/L$ 便视为失效，一般应控制在 $80\mu g/L$ 以下，否则停止交换（制水）。

阳床出水水质变化曲线如图 4-5 所示。

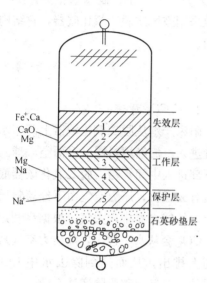

图 4-4　阳床树脂交换后离子分布

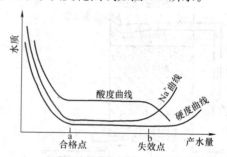

图 4-5　阳床出水水质变化曲线

通过观察产水水质变化可以看出，当阳树脂失效时，水中 Na^+ 含量首先升高（称为漏 Na^+），随之酸度开始下降，再运行一段时间后水硬度才开始升高。所以，在运行时控制 Na^+（pNa）和酸度，而硬度在开始运行时监督。顺洗水无硬度，Na^+ 小于 $200\mu g/L$，投入运行制水，产水 Na^+ 小于 $100\mu g/L$，如果产水 Na^+ 小于 $100\mu g/L$，酸度下降，为 $0.025mmol/L$，则视树脂为失效，立即停止制水，进行树脂的再生。

阳床产水的酸度是用甲基橙作指示剂测出的，它的酸度为水中强酸阴离子的总和。正常运行时，产水酸度稳定在一定数值，产水中 Na^+ 含量在 $100\mu g/L$ 以下，而 Ca、Mg 硬度为零；当失效时，酸度下降，Na^+ 含量很快升高。

但应注意，控制阳床失效不能单测 Na^+。因为测 Na^+ 含量的 PNa 计是高频电压输入，受外界电磁干扰严重，会给测量带来误差。所以，当判断树脂快失效时，必须同时测酸度，若酸度下降，说明 Na^+ 含量升高，才能视为真正失效。

如果阳床间断运行，当（浮动床）第二次或第三次开始运行时，产水酸度会比正常低，Na^+ 含量偏高。这是因为在停用期间，阳树脂层中的离子会发生渗透反应，使床内存水。当再开始运行时，可能出水水质差，但这不应视为树脂已失效，应经过比刚再生完投床顺洗时的时间略长后再测产水水质看是否合格，如果不合格，便视树脂为失效；如果合格，设备必须继续运行制水。

四、脱二氧化碳器

当水通过阳离子交换器时，原水中的 $Ca(HCO_3)_2$、$Mg(HCO_3)_2$ 被阳离子交换树脂中的 H^+ 置换，树脂变成 Ca、Mg 型，HCO_3^- 留在水中。HCO_3^- 和置换出的 H^+ 反应生成 H_2CO_3，当水的 pH<4 时，H_2CO_3 分解成 CO_2 和 H_2O，所以阳床产水中的 CO_2 量很高。当 CO_2 进入阴床后被阴树脂交换，使阴树脂负担加重，为了减轻阴床的负担、多产水，必须先把阳床产水中的 CO_2 除掉。

除 CO_2 的方法有很多，大多采用真空抽气法。在火力发电厂中，制水量很大，所用的真空抽气器也需要大容量，但造价高，所以绝大多数采用鼓风式脱二氧化碳器，它结构简单，操作方便。下面对鼓风式脱二氧化碳器进行介绍。

1. 构造

鼓风式脱二氧化碳器构造见图 4-6。

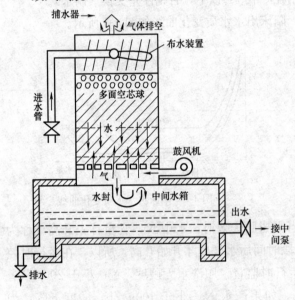

图 4-6　鼓风式脱二氧化碳器构造图

2. 脱 CO_2 原理

阳床产水从脱二氧化碳器上部布水装置进入，流经填料层（多面空心球），从下部进入中间水箱。脱二氧化碳器底部装有鼓风机，压力空气由下经填料层向上，经捕水器排入大气。根据亨利定律，CO_2 会从水中逸出，随压力空气从下向上排出，从而达到除去水中 CO_2 的目的，二氧化碳脱除率达 90%。

原水中 CO_2 含量一般在 6~8mg/L，空气中 CO_2 含量 3~5mg/L，阳床产水中 CO_2 含量＝原水碱度×44。CO_2 在溶液 pH<4 时是游离状态，所以阳床产水中的 CO_2 很易被压缩空气带走除掉。

为了保证脱碳器的脱碳效率，在中间水箱顶部（脱二氧化碳底部）装一 U 型管（PVC 管），其高度形成的压力超过脱碳风机风压 20%。防止风进入中间水箱。造成脱碳效率低。

3. 脱碳效率计算

$$脱碳效率 = \frac{CO_{2in} - CO_{2out}}{CO_{2in}} \times 100\%$$

化验方法：脱碳器产水 CO_2 含量。

(1) 按 DL/T 954—2005《火力发电厂水汽试验方法》。

(2) 二瓶法。

1) 甲基橙测酸度，pH=4.2 变色时记为 M。

2) 酚酞测酸度，pH=8.2 变色（CO_2 转变 HCO_3），记为 P。

按下式计算 CO_2 含量

$$P-M=CO_2 \text{ 含量}$$

4. 空气过滤器

为了减少阴床的二次污染，脱碳风机入口必须安装空气过滤器，以防空气中的杂质污染阴离子交换树脂。或者在鼓风机的入口接一大直径管道从水处理间引入，可获得较干净的空气，特别是在冬季，室内空气温度高，用这种方法可提高水温，有利于阴离子交换。

5. 中间水箱

中间水箱必须每年检查清洗一遍，以免有阳树脂进入阴床。

五、阴离子交换器（床）

1. 工作原理

阴离子交换器构造与阳床是一样的，只是填装的交换树脂是阴树脂。阳床产水经过脱二氧化碳后进入中间水箱，经中间水泵打入阴床。当产水经过阴离子交换树脂时，水中的无机阴离子便和树脂中的氢氧根离子发生置换反应

$$R-OH + \begin{matrix} Cl^- \\ HCO_3 \\ HSiO_3^- \end{matrix} \longrightarrow R- \begin{matrix} Cl \\ HCO_3 \\ HSiO_3 \end{matrix} + OH^-$$

$$2R-OH + SO_4^{2-} \longrightarrow R_2-SO_4 + 2OH^-$$

被置换出的 OH^- 便和阳床漏的 Na^+ 反应生成 $NaOH$，使产水 pH 值升高；另一部分 OH^- 和阳床产水中的 H^+ 生成水，制出除盐水。

$$Na^+ + OH^- \longrightarrow NaOH \quad \text{pH 值} \uparrow$$

$$H^+ + OH^- \longrightarrow H_2O$$

所以，在一开始投床时，阴床产水 pH 值高；或者阳床快失效时漏 Na^+ 也使产水 pH 值升高。为此，应尽量控制阳床少漏 Na^+，这样才能获得更好的除盐水。

2. 阴床运行水质变化

阴床运行时，出水 pH 值为 $7\sim8.5$，硅酸根含量小于 $100\mu g/L$，电导率小于 $5\mu S/cm$。当阴床失效时（图 4-7 中 b 点），硅酸根含量上升，电导率是先微降而后上升。所以阴床控制失效点以看硅酸根含量最好，但实际生产上一般都用导电度表来监测控制，工程上叫终点计。

阴床在设计时为了防止因阳床失效而影响阴床产水质量，在填装阴树脂时，比阳树脂多装 10%～15%。所以在运行时，阳床先失效，阴床后失效（往往在生产上，阴、阳床不可能同时失效、同时再生）。这样，因阳床失效，而会对阴床运行有一定的影响，见图 4-8

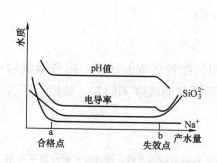

图 4-7 阴床失效时产水水质

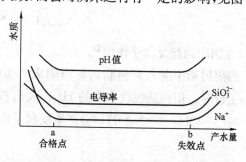

图 4-8 阳床失效后阴床产水水质

曲线。根据曲线分析，阳床失效对阴床产水水质的影响是，阴床失效（图 4-8 中 b 点）时，电导率变化不是先微降而后上升，而是直接上升；pH 值不是下降，而是上升；产水 Na^+ 含量也上升。所以在运行控制上要特别注意，加强分析。

3. 阴床失效时，阴离子分布状况

阴床失效时，阴离子分布状况如图 4-9 所示，表 4-7 列出了阴离子在床内各层的百分含量。

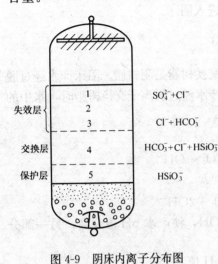

失效层 1 2 3 $SO_4^{2-}+Cl^-$

交换层 3 $Cl^-+HCO_3^-$

交换层 4 $HCO_3^-+Cl^-+HSiO_3^-$

保护层 5 $HSiO_3^-$

图 4-9 阴床内离子分布图

表 4-7　阴离子在床内各层百分含量[①]

层数 阴离子	1	2	3	4	5
SO_4^{2-}	70	25	5	0	0
Cl^-	痕量	35	50	14	0
HCO_3^-	痕量	痕量	6	94	0
$HSiO_3^-$	0.5	0.5	1	96	2

① 数据结果来自上海电力研究院。

4. 阴床失效时，电导率先微降而后上升的原因

在正常运行时，产水电导率基本是稳定的，水中 OH^- 含量高。阴床刚失效时，产水中 OH^- 含量降低，而 $HSiO_3^-$ 含量升高，$HSiO_3^-$ 属于弱电解质，导电性能差，故产水电导率微降；继续运行，树脂完全失效时，没有了 OH^- 被置换，水中的 H^+ 不能被 OH^- 中和成水，故电导率又很快上升。

5. 阴床内为什么不能混入阳树脂

阴床水中如果含有 Na^+，则会发生如下反应

$$R-OH+NaCl \longrightarrow R-Cl+NaOH \quad pH 值 \uparrow$$

硅在水中，pH<5 时，硅以硅酸的形式存在，有利于阴树脂进行置换；如果水中存在 Na^+，则 pH 值上升，当 pH>5 时，硅便以硅酸钠形式存在，会产生反离子效应，反应如下

$$R-OH+NaHSiO_3 \longrightarrow R-SiO_3+NaOH$$

$$NaOH \longrightarrow Na^++OH^-$$

OH^- 在阴床内起反离子作用❶。

当阴树脂中混入阳树脂后，当阴床再生时，阴树脂转化成 OH 型，阳树脂成为 Na 型。运行时，阳树脂吸收水中的 H^+，放出 Na^+，而阴树脂吸收 HCO_3^-，放出 OH^-，这样，$Na^+ +OH^- \longrightarrow NaOH$，会产生反离子作用。

---

❶ 在阴床内，反应生成的离子 OH^- 与反应前的离子相同时会抑制反应的进行，这种现象叫反离子作用（效应）。

六、阴、阳床的再生

(一) 再生方式

(1) 顺流再生。即再生液的流向与设备运行时水流方向一致。

(2) 逆流再生。再生液的流向与设备运行时水流方向相反。

(3) 分步再生。第一步用稀浓度再生液,第二步用高浓度再生液。

(4) 体外再生。树脂失效后,将树脂移至床外进行再生,再生后又返回床内。

(二) 再生步骤

离子交换树脂运行一段时间后就会失效,必须用相应的药剂进行再生,才能恢复其重新制水的功能。阳树脂用 2%～3% 的 HCl 溶液进行再生,阴树脂用 1.5%～2% 的 NaOH 溶液进行再生,具体再生过程如下。

1. 再生系统

在化学水处理工艺中,树脂的再生都安装有专门的再生系统,其系统图如图 4-10 所示。

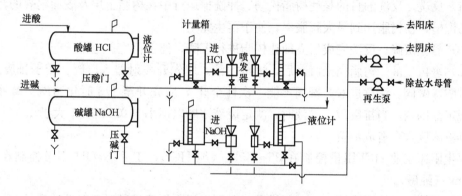

图 4-10 酸、碱再生系统图

再生系统安装在计量间内,并装有酸雾吸收器。

酸、碱贮缸内贮存 30%～32% 的工业 HCl 溶液和 30%～32% 的工业 NaOH 溶液。药品质量必须符合国家标准,否则会污染树脂,并使周期制水量减少;增加制水成本。例如若 NaOH 中含 4%NaCl,周期制水量会下降 20%～30%。

2. 工业 HCl 质量标准

工业 HCl 质量标准见表 4-8。

表 4-8   工业 HCl 质量标准   %

项　目	含　量　标　准		
	一　级	优　级	合　格
HCl		≥31.0	
铁	≤0.008	≤0.006	≤0.01
氧化物（以 Cl 计）	0.008	0.005	0.1
灼烧减量	0.1	0.08	0.15

3. 工业 NaOH 质量标准

工业 NaOH 质量标准见表 4-9。

表 4-9 工业 NaOH 质量标准 %

项 目	含 量 标 准		项 目	含 量 标 准	
	苛化法	隔膜法		苛化法	隔膜法
NaOH	>45 (32)[①]	>42 (>30)[①]	NaCl	<0.8	<2.0
NaCO$_3$	<1.1	<0.8	Fe$_2$O$_3$	<0.02	<0.01

① ( ) 内数据为生产实际使用数据。

进酸、碱时必须每次化验其浓度，目测其颜色不对时，按以上标准分项化验。试验方法见附录一。

4. 再生步骤（以固定床为例）

交换床失效后应立即进行再生，再生完成后备用。再生步骤如下。

（1）反洗。反洗的目的是使树脂松动、冲洗掉运行中在树脂上层及表面附着的污泥和形成的沟槽，使树脂达到最大膨胀率，便于再生完全。

（2）静止沉降。反洗完成后立即让树脂进行沉降，便于再生。

（3）进再生液。树脂完全沉降后，进再生液。应先开喷射器入口阀、床子排废液阀，再开进酸、碱阀。注意进酸、碱阀不能一次性全开，应先开至 1/3 时化验酸、碱液浓度应在规定范围内。当排废酸、碱液时，测定废液浓度以不小于 0.5％且不大于 1.0％为宜，如果排液浓度大会造成浪费。

再生阳床工业 HCl 用量控制在 35～45kg（纯 HCl），工业 NaOH 用量控制在 12～16kg/m³（纯碱）。

（4）置换。进完再生液后，关闭进酸、碱阀。用再生流量通过喷射器冲洗，此过程叫置换，目的是使树脂中被酸、碱置换出的盐类随水流带走。

（5）正洗。置换完成后，停再生泵及关再生用阀门，开运行进水阀、排水阀，大流量冲洗 10～20min 至排水指标在标准内，停止备用。

在此说明一下，当再生好的床子投运时，一定先顺洗一定时间，化验产水合格后再并入系统产水。因床子在备用时间内，树脂内层还没有被置换，阴、阳离子及杂质会慢慢渗透进床内水中。所以一开始运行产水是不合格的，要待原床内存水被顶出后产水便会合格。

5. 酸、碱耗量的计算

（1）酸耗 $= \dfrac{用酸量(L) \times 密度 \times 浓度(\%) \times 1000}{2周期制水量 \times (酸度 + 碱度)}$ mmol/L。

（2）碱耗 $= \dfrac{用碱量（L）\times 密度 \times 浓度（\%）\times 1000}{2周期制水量 \times \left(酸度 + \dfrac{CO_2}{22} + \dfrac{SiO_2}{30}\right)}$ mmol/L。

在生产上，考核计算阳、阴床的酸、碱耗量一般按下面的公式进行计算。

（1）酸耗 $= \dfrac{用酸量(30\%)（kg）}{周期制水量（t）}$ kg/t（0.4～0.6kg/t）。

（2）碱耗 $=\dfrac{\text{再生用碱量}(30\%)(\text{kg})}{\text{周期制水量}(\text{t})}$ kg/t（0.4～0.8kg/t）。

各单位的酸、碱耗量应根据所使用的水质状况而定，如原水中含盐量高，酸、碱耗量就大，反之则小。

七、浮动床离子交换

浮动床与固定床不同的是，固定床是上部进水，下部产水；而浮动床则是底部进水，上部产水。浮动床在运行时，树脂在床内呈托起状态，其底部有 100～200mm 的水垫层，因而叫浮动床。

浮动床的再生是从上部进酸、碱液，和产水布水装置同用，内部结构简单，操作方便。浮动床逆流再生，其主要优点是设备体积小，周期制水量大，酸、碱耗量低，多年来被广泛采用。

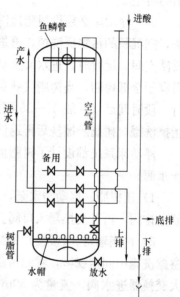

图 4-11　浮动床构造图

1. 构造

浮动床构造见图 4-11。

2. 浮动床的特点

（1）运行流速高，为 40～50m/min，周期制水量大，可调性能好，特别适用于火力发电。在大流量满负荷时，产水水质好。

（2）不宜在低流速运行。若低于额定流量的 55%，树脂易落床，会造成树脂乱层，使周期制水量降低，产水质量差。

（3）不宜间断运行。因为浮动床不管在什么状态下启动，开始运行时产水水质都会降低，运行一定时间后产水才恢复水质稳定。特别是阴床，应尽量在快失效后再停运。

（4）浮动床床内树脂必须装满。在运行时，由于水的压力作用，会使树脂密实，床内下部正好有 100～200mm 的水垫层。但也不能装得太满，太满便不会形成水垫层，也没有树脂膨胀间隙，再生度不高。

（5）浮动床再生度高。以阳床为例：树脂失效后，阳床内最下部树脂全部是 Ca、Mg 型，而最上层全部是 Na 型。Na 型树脂再生度高，达 93.6%，Ca 型再生度低，为 68.6%。再生时，再生液从上部进，先和 Na 型树脂交换，使其全部转化成 H 型，置换出的 Na^+ 随再生液往下流动，与 Ca、Mg 型树脂进行离子置换，使树脂先变成 Na 型，这样，Na 型树脂再和再生液中 H^+ 交换，使树脂又变成 H 型。如此逐次往下进行，直至将树脂全部变成 H 型，所以树脂再生度高且彻底。而被置换出的金属阳离子随再生液从阳床底部全部排出。所以浮动床再生度高，周期制水量多，酸、碱耗量低。

（6）浮动床再生排水必须安装倒 U 型（∩）管。

阴、阳离子交换树脂要求不管是在运行还是在再生，都不允许设备中进入空气。特别是浮动床，运行时若进入空气，会造成树脂乱层。再生时，若下排量大，便形成抽真空，床体上部会进入空气，上部树脂为保护层，进入空气后得不到再生便使运行产水水质差，周期制水量明显减少。为此，再生时，床内压力必须保持在不小于 0.05MPa，才能保证再生时不进入空气。

再生时应先开下排阀，再开喷射器入口阀。如果先开喷射器入口阀，再开下排阀，则床内顶压，便造成计量箱回水。为此，浮动床必须在下排管上安装倒 U 型管，其高度高于床体 150～200mm，并且上端开口，这样床体的下排水等于入口水，再生时先开下排阀、再生入口阀，然后开再生喷射器入口阀，就不会造成床内进空气，保证了离子交换树脂的再生度。

(7) 浮动床必须设树脂擦洗罐。在离子交换器中，固定床每次进行再生，都先进行反洗，把沉积的污物反洗掉，再进行再生。但浮动床则不行，因为树脂在床内是满的，没有反洗空间，运行时，进水又是从底部进、上部出产水，树脂在床内呈浮动状态，水中污物贯穿于全部树脂，当树脂失效后立即再生，其表面附着的污物不能除去。为此，浮动床运行一段时间后（一般 25～35 周期），将树脂打入另一容器内进行反洗和擦洗，此容器叫树脂擦洗罐，树脂经擦洗后再返回到交换器内进行再生备用。

浮动床系统都设计了树脂擦洗系统，擦洗时，阳床用清水泵作水源，阴床以中间水泵作水源。

1) 压树脂。启动清水泵，开擦洗罐上排阀、辅送树脂阀、交换器输送树脂阀、交换器上排阀，再开交换器入口阀。流量为 30～35m³/h。

2) 树脂输送。（缓慢）关交换器上排阀，观察擦洗罐上排管排水，进行树脂输送，观察擦洗罐中间监视窗，看到树脂时停止树脂输送，立即开交换器上排阀、树脂输送阀，开大交换器进水阀，流量为 50m³/h，反洗交换器内树脂至水清。阳树脂应多压，阴树脂少压。

3) 树脂擦洗。关擦洗树脂阀，开擦洗罐进水阀，流量为 30～60m³/h，缓慢加大。观察上监视窗，树脂在上视窗下半部翻动为宜，擦洗至水清为止。

在擦洗时要经常取样，看是否有大颗粒树脂被排出，如有，可适当降低流量。细碎树脂应该洗出排掉。特别是阴树脂，因其比重小，开始擦洗时流量一定要小，然后逐渐开大，否则会大量跑阴树脂。

4) 擦洗完后，再将树脂返送回交换器进行再生。再生用酸、碱量是正常再生用量的1.5 倍。

注意，擦洗树脂必须两人操作，禁止一人进行擦洗操作。

5) 擦洗注意事项：①擦洗开始时禁止大流量，以防石英砂压入擦洗罐。②在输送树脂时，系统压力突然上升，这是因为流量低，管内树脂密度大，或交换器内树脂密实所致。可略开交换器入口阀，顶一下树脂，压力降低后再关闭进水阀。

(8) 浮动床内上部布水管的开孔面积应大于入口管截面的 5～7 倍，否则床内阻力大，树脂易破碎，产水水质差，另外，细碎树脂也会堵塞布水管网孔。

(9) 浮动床因流速大，失效快，故应装终点计，控制失效点。

(10) 开始启动投运时，应快速开进口阀至流量为 30m³/h 时停，待成床后，再缓慢开进口阀直至额定流量。禁止一次性快速开阀到额定流量，这样做的缺点是①不能成床，底部树脂一直流动。②可能会把石英砂垫层顶乱层。③会将上部排水装置顶坏。

3. 浮动床运行控制

浮动床开始运行时产水水质差，应先顺洗，待水质合格后投入运行，产水水质会逐渐提高并平稳。树脂快失效时要加强监督，因浮动床水流速高，树脂失效快。

控制指标：pH 值为 $7\sim8.5$，SiO_2 小于 $100\mu g/L$，电导率小于 $5\mu S/cm$，最好装终点计进行监控。

八、混合床（也叫多级复床）

1. 原理

混合床是按阴阳树脂比例为 $2:1$ 装在一压力容器内，并充分混合均匀，每一粒阳树脂周围都有阴树脂包围，成为阴、阳离子团，相当于无数个阴、阳床串在一起，所以混合床也叫多级复床。

当一级除盐水或 RO 系统产水流经混合树脂时，阳树脂与水中的金属阳离子置换放出 H^+，阴树脂与无机盐阴离子置换放出 OH^-，OH^- 和 H^+ 化合生成水，使一级除盐水进一步得到净化，产出高纯度的水，其电导率在 $0.05\sim0.15\mu S/cm$ 以下。

但原水不能直接进入混床，因为树脂填充量少，周期制水量小，再生频繁。混合床一般都设在一级除盐或 RO 系统以后，作为水的深度除盐装置。

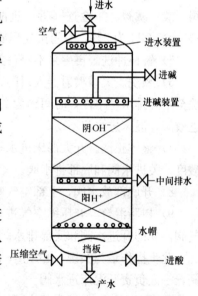

图 4-12　混合床构造（体内再生）

2. 混合床构造

混合床构造见图 4-12。

混床内上部有布水装置和进碱装置，中间悬排废酸、废碱液装置，下部有进酸及配水装置。运行时是从上部进水，下部产水；再生时是从上部进碱，下部进酸，中间排废酸、废碱液。

阴、阳树脂的密度约在 $0.15\sim0.2g/cm^3$ 之间，填装体积比，阴、阳比例为 $2:1$，填装总高度一般为 $1.5m$，阴、阳树脂粒度为 $\phi0.8\sim\phi1.0$，运行流速 $40\sim60m/h$，运行周期 $25\sim30d$/次。

3. 混床的运行

混床的运行方式与固定床相同，为上进、下出，只是再生方法不同。产水水质控制要求是残留含盐量为 $1.0\mu g/L$ 以下；电导率为 $0.2\mu S/cm$，若超过 $0.5\mu S/cm$ 视为失效；SiO_2 含量小于 $20\mu g/L$，pH 值为 7 左右。

4. 混床再生

到目前为止，化学水处理系统基本实现自动控制，唯有混床再生系统很难实现，即使已安装自动再生系统，系统也经常出现问题，还是要恢复手动人工操作。为此，重点介绍混床再生操作步骤。

（1）再生方式分同步再生和分步再生法。

（2）再生步骤。以同步再生法为例介绍，至少两人操作。

1）放水。混床失效后，关运行进水、产水阀以及底部电导率表进水阀，开正洗排水阀、空气阀、中间排水阀，将水放至树脂层上 100mm 处，关正洗排水阀、中间排水阀。

2）反洗分层。缓慢开启反洗进水阀，然后开反洗排水阀、空气排放阀，当树脂升至上视孔中心时，树脂呈悬浮状，空气阀排水后立即关闭，开大反洗进水阀，使树脂膨胀，但要防止树脂流失。

反洗 15min，使团状树脂分离，再关小进水阀，并观察阳树脂下降，阴树脂上浮，待阴、阳树脂明显分层后，关闭反洗进、出阀。若分层不好或根本不分层，可利用再生系统进 2%NaOH 溶液浸泡 10min 后，重新分层。

3）树脂沉降。开上空气阀，微开底部放水阀，使树脂沉降，同时从中间视孔观察树脂分层情况。

4）进酸、碱。开中间排水阀，进酸、碱阀，启动再生泵，开泵出口阀、喷射器入口阀、酸、碱阀、并检查（听）进酸、碱液的情况，化验酸、碱百分含量，要求 HCl 为 3%，NaOH 为 2%，时间按规程要求。

5）置换冲洗。再生泵不停，关喷射器进酸、碱阀，置换 20min。

6）顺洗。关碱喷射器入口阀、混床进碱阀，开混床进水阀，大流量冲洗阴树脂，冲洗至中间排水呈中性，时间约为 20min。关酸喷射器入口阀，停再生泵，关出口阀、混床进酸阀，混床进水门不动。

7）整体正洗。开大混床进水阀、下部排水阀，关中间排水阀，大流量正洗至排水无酸度，关进水阀和底部排水阀。

8）开底部放水阀，上部空气阀，将水放至树脂层上 100mm 处，关下部排水阀。

9）树脂混合。开压缩空气进口阀，使树脂混合 3~5min，均匀后关闭，同时关排空气阀。立即开进水阀和底部排水阀，使树脂迅速下落，以防止其再次分层。

此步操作最为关键，必须 2~3 人进行操作，一人负责关压缩空气阀一人负责关排水阀，一人负责开混床进水阀。

10）混合正洗。树脂落床后，开大进水阀，继续进行正洗。关上部空气阀，开下部电导仪进水阀。

当正洗排水电导率小于 $0.2\mu S/cm$，SiO_2 含量小于 $20\mu g/L$，Na 含量小于 $10\mu g/L$ 时，正洗结束。关正洗排水门，开产水阀，投入运行或停床备用。

九、阴、阳离子交换常见故障及处理方法

1. 阳床水质劣化原因及处理方法

阳床水质劣化原因及处理方法见表 4-10。

表 4-10　　　　　　　　　阳床水质劣化原因及处理方法

现　象	可　能　原　因	处　理　方　法
1. 阳床产水酸度升高	（1）进酸阀未关严	检查关严
	（2）原水水质有变化，硬度高	分析原水，查出原因

现 象	可 能 原 因	处 理 方 法
2. 阳床产水酸度降低	(1) 原水水质变化，硬度降低	化验原水，查出原因
	(2) 再生不彻底，或进酸量少	提高酸浓度
	(3) 再生液质量差	化验工业 HCl 质量
	(4) 树脂污染	清洗树脂
3. 阳床产水 Na$^+$ 偏高	(1) 再生浓度低，或质量差	提高浓度，检验工业 HCl 质量
	(2) 浮动床树脂少，运行时乱层	填装树脂
	(3) 树脂污染	清洗树脂
	(4) 再生流量低，布酸不均匀	加大再生液流量
	(5) 浮动床擦洗时间长	缩短擦洗周期
4. 酸耗高	(1) 再生不彻底	查出原因
	(2) 工业 HCl 质量差，杂质多	更换质量好的工业 HCl
	(3) 树脂污染	清洗树脂
	(4) 进水质量差	查出原因、采取措施
	(5) 再生进酸量多	降低进酸量
5. 出入口压差升高	(1) 树脂污染	清洗树脂
	(2) 浮动床布水装置开孔少	增加开孔数量
	(3) 浮动床布水滤网污堵	更换滤网
	(4) 浮动床碎树脂多	清除碎树脂
	(5) 浮动床长时间没擦洗	定期进行设备擦洗
	(6) 进水质量差，杂质多	加强进水预处理
6. 浮动床树脂破碎严重	(1) 质量差	更换质量好的树脂
	(2) 产水布水管开孔面积小	加大开孔面积 5～7 倍
	(3) 原水泵压力高	降低压力，使其压力不大于 0.3MPa
	(4) 树脂氧化，余氯含量高	除去进水余氯

2. 阴床产水水质劣化的原因及处理方法

阴床产水水质劣化的原因及处理方法见表 4-11。

表 4-11   阴床产水水质劣化的原因及处理方法

故 障	原 因	处 理 方 法
1. 阴床产水电导高硅不合格	(1) 阳床漏 Na$^+$ 偏大	查出阳床的原因，消除故障
	(2) 阴床过度失效	加大进碱量，进行彻底再生
	(3) 进碱阀不严	关严进碱阀
	(4) 脱 CO_2 效率低或不脱 CO_2	查出原因并消除
	(5) 再生液质量差	化验工业 NaOH，更换好的再生液
	(6) 浮动床再生上部进入空气	加强再生操作
	(7) 混入阳树脂	分离树脂
	(8) 树脂污染	清洗树脂，使其复苏

故　障	原　因	处　理　方　法
2. 制水量少碱耗大	(1) 原水水质差	加强预处理
	(2) 阳床产水质量差，漏 Na^+	提高阳床产水质量
	(3) 树脂污染	清洗树脂
	(4) 浮动床擦洗周期长	缩短擦洗周期
	(5) 再生进碱量多	减少进碱量
	(6) 再生质量差，不彻底	加强再生操作
	(7) 再生液杂质多	化验工业 NaOH，换质量好的再生液
	(8) 混入阳树脂	分离树脂
3. 再生时跑树脂	(1) 石英砂乱层	重新装配石英砂
	(2) 水帽坏	更换水帽
4. 出入口压差大	(1) 树脂污染	清洗
	(2) 浮动床布水装置开孔少	增加开孔数量
	(3) 浮动床布水滤网错误	更换滤网
	(4) 浮动床碎树脂多	清除碎树脂
	(5) 浮动床长时间没擦洗	定期进行设备擦洗
	(6) 进水质量差，杂质多	加强进水预处理
5. 浮动床没有水垫层（包括阳床）	(1) 树脂填装量少	补充树脂
	(2) 启动操作不当	加强启动操作
	(3) 树脂污染	清洗树脂
6. 树脂污染（包括阳床）	(1) 预处理不当	加强预处理
	(2) 原水水质恶化	加强预处理或更换水源

十、目前常用水处理工艺系统

近几年，随着工农业生产的高速发展和人民生活水平的提高，电力发展突飞猛进，特别是地方小型火力发电厂更是发展迅速。因设计单位不同，地区水源不同，各电厂采用化学水处理技术不同，采用的水处理方法和系统布置也不尽相同。下面主要介绍大多数火力发电厂采用的水处理工艺系统。

1. 一级除盐系统

（1）原水箱→原水泵→澄清混凝→过滤→活性炭过滤→阳床→脱 CO_2→中间水箱→中间泵→阴床→除盐水箱→除盐水泵→锅炉。

（2）原水箱→原水泵→直流混凝过滤→活性炭过滤→阳床→脱 CO_2→中间水箱→中间泵→阴床→除盐水箱→除盐泵→锅炉。

（3）原水→过滤→活性炭过滤→反渗透→清水泵→阳床→脱 CO_2→中间水箱→中间泵→阴床→除盐水箱→除盐泵→锅炉。

（4）原水箱→原水泵→过滤→阳床→脱 CO_2→中间水箱→中间泵→阴床→除盐水箱→除盐泵→锅炉。

2. 多级除盐系统

（1）原水泵→混凝澄清→过滤→清水箱→清水泵→活性炭过滤→反渗透→中间水箱→

脱 CO_2→混床→除盐水箱→除盐泵→锅炉。

（2）原水泵→直流混凝→活性炭过滤→阳床→脱 CO_2→中间水箱→中间泵→阴床→混床→除盐水箱→除盐水泵→锅炉。

（3）原水泵→混凝澄清→超滤→反渗透→中间水箱→中间泵→混床→除盐水箱→除盐泵→锅炉。

（4）原水泵→直流混凝过滤→活性炭过滤→阳床→脱 CO_2→中间水箱→中间泵→阴床→混床→除盐水箱→除盐泵→锅炉。

3. 混合床常见故障及处理方法

混合床常见故障及处理方法见表 4-12。

表 4-12 混合床常见故障及处理方法

故　障	原　因	处　理　方　法
1. 混床产水电导率二氧化硅不合格	（1）前置处理设备失效未及时停运，或设备发生故障	停运前置设备或切换
	（2）再生操作不当，效果不好	停运重新再生
	（3）树脂分层或混合不好	重新进行树脂分层或混合
	（4）再生装置损坏，或再生液剂量不足	检修设备或重新加大再生液剂量再生
	（5）混床进酸、碱门不严	检查关严
	（6）设备有缺陷，发生偏流	检修设备
	（7）树脂污染	进行树脂复苏，或更换树脂
2. 树脂分层不明显	（1）反洗分层操作不当	按规程严格操作
	（2）阳、阴树脂粒度，密度不合规定	更换树脂
	（3）树脂未完全失效	用2%的 NaOH 溶液淋洗后重新分层
	（4）树脂污染	化学清洗树脂
	（5）阳、阴树脂抱团或带气泡	重新分层或碱洗后再分层

第五章　EDI

第一节　电渗析预脱盐

一、概述

电渗析器，设备代号 ED，是 20 世纪 60 年代末研究发展的，70 年代初在电力系统引用（淄博南定热电厂）。它是利用阴、阳离子交换膜在外加电场（直流电）的作用下，阳膜只允许水溶液中金属阳离子通过，阴膜只允许水溶液中阴离子通过，阳、阴离子分别进入浓水室汇集排走，淡水室中的水被净化，制出低含盐量的水。这种水处理方法叫电渗析预脱盐。

二、电渗析预脱盐原理

1. 阴、阳离子交换膜

阴、阳离子交换树脂共有两大类，一类是球形的，另一类是粉状的。人们将粉状离子交换树脂制成薄膜状，称为阴、阳离子交换膜，它又分为以下两类。

（1）均相膜。把粉状离子交换树脂直接制成薄膜状，称为均相膜，其优点是透水性能好；缺点是机械强度差。

（2）导向膜。将粉状离子交换树脂和高分子黏合剂调合后，涂在特制纤维布上加工而成的膜，称为导向膜。其优点是机械强度高；缺点是透水性能差，电阻大，需要高电压、大电流。

2. 交换膜的性能

（1）机械性能。机械性能主要指离子交换膜的厚度和机械强度。膜的厚度越薄，机械强度越差，但电阻小，透水性也好；反之，膜的厚度厚，则机械强度高，但电阻大，透水性就差。但在使用条件允许时，离子交换膜还是越薄越好。目前最薄的阴、阳离子交换膜厚度在 0.1mm 左右。

（2）电化学性能。

1）膜电阻。膜电阻反映离子交换膜的导电性能，其表示方法用在单位面积内的电阻值（Ω/cm^2）来表示，即 $1cm^2$ 的膜在 0.05mmol/L KCl 溶液中，温度在 25℃ 时的电阻值（Ω）。

2）膜的离子选择性透过率。将离子交换膜浸入水溶液中，其活性基团电离。对阳膜来说，其固定离子为阴离子，在其表面和网孔内都产生负电场，水中只有阳离子能进入并透过，而水中的阴离子则被排斥；如果是阴膜则反之。人们将这种阴、阳离子交换膜放入水溶液中，并间隔一定距离，在膜两外侧垂直于膜的方向通一直流电，在电流的作用下，阳膜便吸收水中阳离子，并且阳离子通过膜进入阳膜外侧浓水溶液中；阴膜吸收水中阴离子，并且阴离子通过进入阴膜外侧浓水溶液中。这样两膜中间便产生了纯水，在进水的压力下，纯水流出，制出产水供使用。而在膜两侧，由于离子增加而变成浓水，不能使用，汇集排掉。

但是，阴、阳离子交换膜表面总是有空隙的，可使各种同种离子通过，也不绝对排斥异性电荷的离子，所以总有少数离子通过。这种理想与实际的差异，人们把它叫作膜的选择性透过率。

为此，电渗析不能使水溶液全部脱盐，只能除去大部分离子，所以叫电渗析预脱盐。

3. 电渗析器构造及脱盐原理

（1）构造。电渗析器构造如图 5-1 所示。

在同一压力容器内用阴、阳离子交换膜隔成三个水室，中间进水为淡水室，膜两侧为浓水室。通入盐水，两浓水室外侧各插入（安装）两种不同材料的阴、阳电极（铅或碳材料为正极，钛、铁合金材料为阴极），分别接上直流电，这样便构成了电渗析器单元件，由多个单元件并联便组成电渗析制水设备。

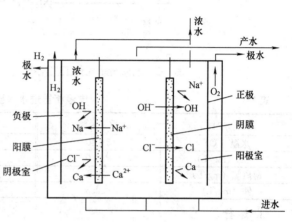

图 5-1　电渗析器构造原理

（2）电渗析脱盐原理。电渗析元件在直流电场作用下，中间区淡水室进水中的阳离子不断地通过阳膜进入阴电极室（异性相吸），即浓水室；阴离子通过阴膜进入阳极室。但是阴极室的阴离子则不能透过阳膜（同性相斥）；阳极室的阳离子亦不能通过阴膜。这样，中间区的水溶液便得到净化，阴极室和阳极室的电解质溶液含盐类不断增加，变成浓水，汇集合并后排掉，称为浓水排放。

电渗析元件由于直流电场的作用，在阴、阳电极表面发生电解，释放出 H_2 和 O_2，必须随时排走，否则会抑制电极进一步电解。从电极两侧排出的含有气体的水叫极水，连续排掉叫极水排放。

阴、阳电极的放电反应如下。

阳极放电反应

$$4OH^- \longrightarrow 2H_2O + O_2 \uparrow + 4e$$
$$2Cl^- \longrightarrow Cl_2 \uparrow + 2e$$

阴极放电反应

$$2H^+ + 2e \longrightarrow H_2 \uparrow$$

由此可见，电渗析的脱盐过程必然消耗一定的电能。为了减少电极反应消耗电能的比例，提高制水效率，采用多膜电渗析器。为了提高产水率，多采用浓水循环，即用一旁路只排掉一部分浓水，其余部分返回原水箱，而极水必须全部排掉。单级电渗析的脱盐率只有 50%，为了保证产水更纯净，采用多级串联运行方式。

从浓水室排出的水，阳极室的为酸性水，阴极室的为碱性水，必须把两室的水混合后

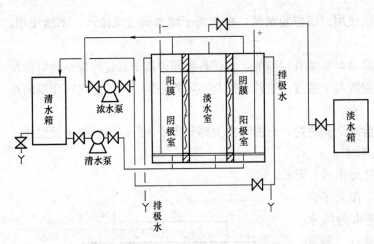

图 5-2 电渗析单元件工艺流程

排放，以免造成环境污染。

三、电渗析工艺流程及运行

1. 工艺流程

电渗析器的进水一般都先经过混凝、过滤，避免水中的悬浮物污染阴、阳离子交换膜，其工艺流程如图 5-2 所示。

2. 进水水质要求

进水水质要求见表 5-1。

表 5-1   电渗析器进水水质要求

项　　目	指　　标	项　　目	指　　标
水温（℃）	5～40	锰（mg/L）	<0.1
COD（mg/L）	<3.0	浊度	<3
游离氯（mg/L）	<0.1	SDI	<10
铁（mg/L）	<0.3		

3. 运行

因电渗析器水回收率低，为 40%～50%，电耗高，利用率只有 10%，故很少采用。

EDI 是 Electro-deionization 的缩写，中文叫填充式电渗析法，它是化学水处理的一种方法，又称电除离子法。主要分两类，一是板式 EDI，二是卷式 EDI。EDI 是 21 世纪国际国内先进的化学水处理技术，并在我国得到广泛利用。

■ 第二节　EDI　技　术

一、EDI 技术

EDI 是在电渗析 ED 设备的基础上，在其中心淡水室内填充阴、阳离子交换树脂而成，它集电渗析预脱盐和阴、阳离子交换全除盐于一体，进一步使水溶液得到净化，制备出高纯水。其主要优点是用自身的产水经电解产生 H^+ 和 OH^-，使阴、阳树脂随时再生，不需单独用酸和碱再生，并可连续运行。EDI 是环保型化学水处理设备。

1. EDI 工作原理

(1) EDI 工作原理如图 5-3 所示。

(2) EDI 工作原理。EDI 由给水室 D、浓水室 C 和电极室 E 组成，给水室中填充阴、阳离子交换树脂，比例为 3:2，并且均匀混合，组成了一个小混床；两给水室之间装有阴膜和阳膜组成浓水室 C，浓水室两外侧分别安装阴极和阳极组成电极室 E，阴膜外侧装正极，阳膜外侧装阴极组成 EDI 组件。在通水的 EDI 组件内，给阴、阳电极通上直流电，在直流电场的作用下，D 室内水溶液中阴、阳离子分别通过阴、阳膜进入膜两侧 C 室中；

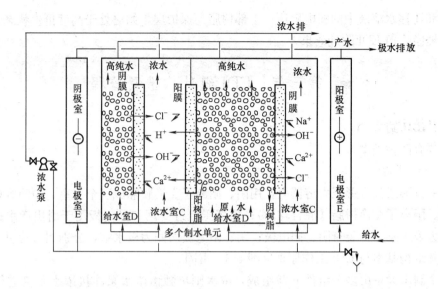

图 5-3　EDI 工作原理

同时，D 室中的纯水在直流电作用下电解成 H^+ 和 OH^-，可随时再生 D 室中的阴、阳离子交换树脂，其交换能力不间断，连续产出高纯水，浓水和极水及时被排掉。

二、EDI 工作过程

EDI 的工作过程分三个过程。

（1）发生选择性迁移。在外加电场作用下，水中的阴、阳离子通过阴、阳膜发生选择性迁移。

（2）构成离子通道。D 室水中的阴、阳离子交换树脂和进水中的阴、阳离子进行置换，构成了离子迁移通道。

（3）进行电化学再生。阴、阳离子交换树脂的交换界面——水在电场作用下发生极化并电解成 H^+ 和 OH^-，随时对阴、阳树脂进行电化学再生，使树脂始终处在连续工作状态。

三、EDI 工作特性

1. 提高电流密度

EDI 在运行过程中，水溶液中的阴、阳离子是经过阴、阳树脂再传递到阴、阳离子交换膜的，其总电流密度是溶液的电流密度与离子交换树脂的电流密度之和。所以，EDI 提高了极限电流密度。

2. 连续稳定运行

由于极化作用，淡水室中的 H_2O 不断电离产生 H^+ 和 OH^-，可随时对阴、阳离子交换树脂进行电化学再生，不必停运设备单独进行酸、碱再生。所以，EDI 能连续稳定运行，并克服了电渗析的极化现象。

3. 阴、阳离子交换

EDI 对水溶液中阴、阳离子的脱除顺序与离子交换树脂的顺序相同，也分三个层次。底部进水侧为失效饱和层，被置换和迁移的阴、阳离子进入浓水室；中间层为工作层，主要去除和迁移水溶液中的弱电解质；上部树脂为保护层，始终处于高度再生状态，保证了产水的纯净。但EDI除硅效果差。

■ 第三节　EDI组件构造及流程

一、EDI结构

主要有两种类型。

1. 板式结构

在一方形或长方形压力溶器内，用阴、阳离子交换膜隔成三个水室，中间容积大并填充满阴、阳离子交换树脂（混合均匀）；顶部压上过滤网和导流板用于引出产水；阴、阳膜两侧为浓水室，并装有阴、阳电极；阴、阳电极两侧为极水室，分别用导管引出浓水和极水。其结构基本与EDI工作原理（图5-3）雷同。

整个制水设备由多个组件并联组成，浓水则单独由浓水泵连接浓水系统进行浓水循环，根据制水回收率适当排放浓水。极水则单独形成系统，并且极水要全部排掉。

2. 卷式结构

卷式EDI是我国浙江欧美环境工程有限公司研发制作的，并于2002年在电力行业安装使用。

其结构主要是以阴极（不锈钢或白金管）为中心，阴、阳膜之间填充阴、阳离子混合树脂，加导流网围由白金管卷制成圆筒状，外围由碳膜板构成阳极形成极水室。总体装在PVC圆筒内，下部分别进入原水和浓水（盐水），顶部分别引出浓水和产水，极水从圆筒一侧引出，直流电从顶部接入。

结构图如图5-4所示。

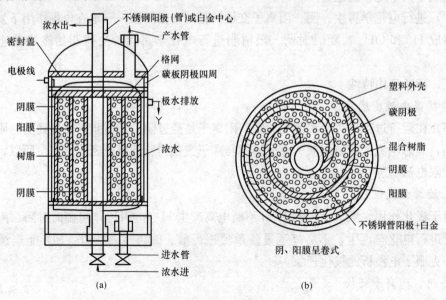

图 5-4　卷式 EDI 结构
(a) EDI 组件剖视图；(b) EDI 俯视图

二、EDI 设备组成及工艺流程

EDI 设备主要由多个单元组合而成，一只组件的产水量为 2t/h，根据用水量进行组合安装。其主要有如下设备构成（产水 90m³/h）

(1) 大架由槽钢和角铁制作。

(2) 膜组件。一般 10 个或 8 个为一组，根据产水量决定由几组组成。

(3) 淡、浓水进出口支管、母管。底部为进，上部为出，分别装出入口阀门。

(4) 极水排放管。为一单独系统，直接排入地沟。

(5) 浓水循环泵。

(6) 加药箱、加药泵及管路。

(7) 整流变压器一台。

(8) 电气及自动控制柜一台。

(9) 组件电源开关箱一组一个。

(10) 化学清洗系统。

(11) 管路连接一般都使用压力 PVC 管。

工艺流程如图 5-5 所示（产水量 90m³/h×2）。

三、进水水质要求及产水水质

EDI 的进水必须进行预处理和预脱盐，因为 EDI 主要是作为水的精处理设备，与混床的作用一样，但它不需要停设备再生，可连续运行，为此进水应符合下列指标。

1. 进水指标

进水指标见表 5-2。

表 5-2　　　　　　　　　　　　　　　　EDI 进水指标要求

项　　目	指　　标	项　　目	指　　标
TEA（mg/L）	≤8	TOC（mg/L）	<0.3
pH	6～9	游离 Cl（mg/L）	0.05
硬度（YD）（mg/L）	≤0.5	Fe、Mn（mg/L）	<0.01
CO_2（mg/L）	≤3	SDI	<1.0
活性硅（SiO_2）（mg/L）	<0.2	浊　度	<1.0

2. 进水硬度与回收率的关系

进水硬度与回收率的关系见表 5-3。

表 5-3　　　　　　　　　　　　　　　　EDI 进水硬度与回收率关系

硬度（mol/L）	回收率（%）	硬度（mol/L）	回收率（%）
0.5～0	95	1.5～1.0	85
1.0～0.5	90	2.0～1.5	80

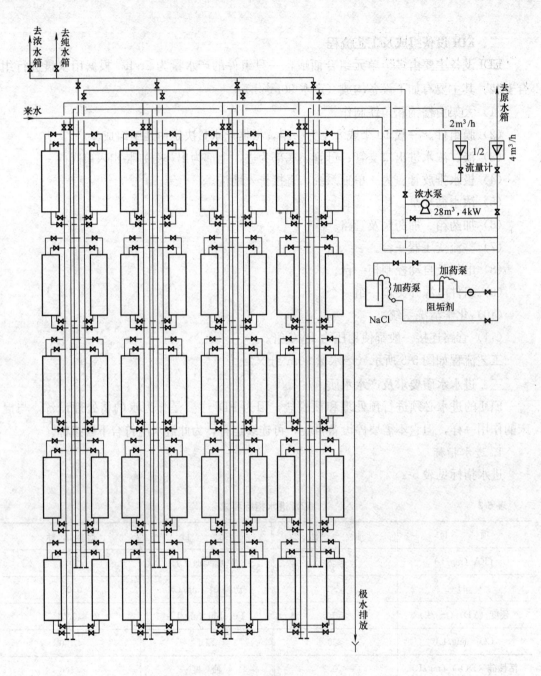

图 5-5　EDI 系统连接图 （90m²/h×2）

3. 产水水质

产水水质见表 5-4。

表 5-4　　　　　　　　　　　EDI 产 水 水 质

项　　目	指　　标	项　　目	指　　标
电阻 （MΩ）	5～17	H	0
SiO₂ （μg/L）	20～50	pH 值	7

■ 第四节 EDI 调试及运行

EDI 安装完毕或经过大修后，必须进行手动开车，运行正常后方可转入自动启停。

一、EDI 控制盘

EDI 控制盘如图 5-6 所示。

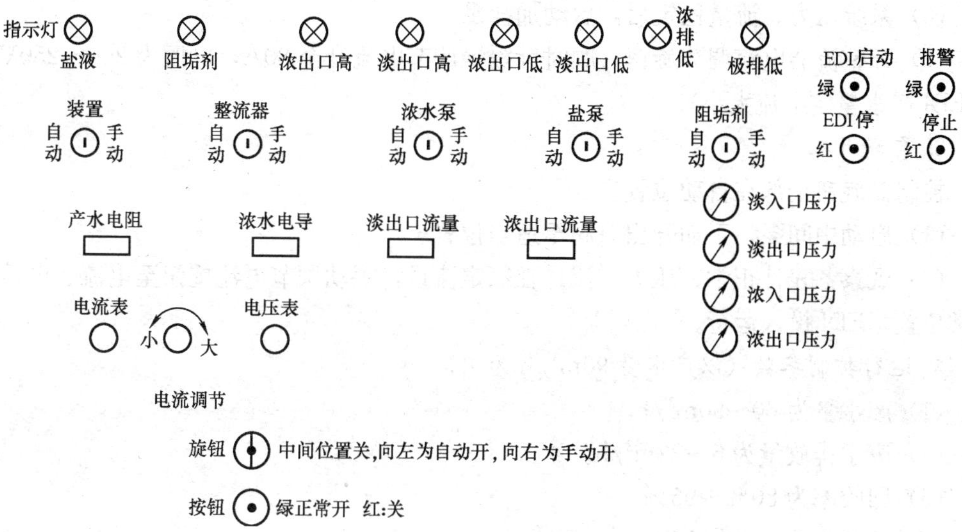

图 5-6 EDI 控制盘

二、EDI 调试开机

1. 开机前检查

（1）检查控制盘总电源开关应处于打开送电状态。

（2）进水母管进水总阀、产水总阀全开（手动），产水排放阀关。

（3）EDI 各组件底部进水阀、上部产水阀、浓水阀全开。

（4）浓水循环泵进出总阀、补水阀全开。

（5）浓水排水阀、极水排水阀开度适当，浮子流量计状态良好。

（6）检查各组件及系统管道内已充满水，禁止无水启动。

（7）压力表指示零位。

（8）中间泵入口阀全开，出口阀关。

（9）中间水箱水位大于 50%。

（10）各表计通电正常。

2. 调试开机（以 80m³/hEDI 设备为例）

（1）开与 EDI 配套的中间泵。

（2）缓慢开中间泵出口阀，开至一定位置观察压力表至 0.2MPa，不能超过 0.4MPa，进水流量表指示 80m³/h，不能超过 90m³/h。

（3）待浓水压力升至 0.05～0.1MPa 时，开浓水泵，进水压力调至 0.16MPa。注意，淡水入口压力应比浓入口压力大 0.3MPa，淡水出口压力应比浓水出口压力大 0.3MPa。

（4）调节浓水排水流量。按回收率的 5%～10%。

（5）调节极水排放流量。按浓水排放量的 50% 进行调节。注意，如果浓水无流量，应事先拧松浓水泵上部的排气螺栓，排气完至排水后再拧紧。

如果浓水流量计因气泡多而报警自动停车，可调节至自动控制，浓水泵延时启动。例如，原定中间泵启动后 4s 浓水泵启动，可延时至 6 或 8s 启动。

（6）系统压力。流量稳定后，启动加盐泵。

（7）开整流器电流调节旋钮，顺时针缓慢调节电流升至 80A，电压为 200～250V（根据 EDI 产水量定电流大小）。

3. 自动开机

控制盘旋钮全部在自动位置。

（1）启动中间泵，手动开出口阀至适当位置。

（2）观察各表计正常，压力、流量在额定流量，手动调节电流旋钮至电流、电压处在正常位置，EDI 投入运行。

4. 运行控制参数（以产水量 90m³/h 为例）

（1）产水量为 60～90m³/h。

（2）废水排放量为 5～22m³/h。

（3）回收率为 80%～95%。

（4）压差为 0.1～0.2MPa。

（5）整流器最高输出电压为 350V，电流为 120A。

（6）EDI 单组件最高电压为 250V，电流为 2～6A。

实际运行时控制产水流量为 90m³/h，浓水流量为 30m³/h，浓水排量为 4m³/h，极水排量为 2m³/h，浓水电导率为 300μS/cm，电流为 80～90A。

5. 运行记录和维护

（1）运行记录。每小时记录一次，按运行日志抄表。

（2）经常巡视各水箱水位，及时调整，避免自动停车。

（3）经常巡视各转动设备，发现异常及时处理和回报。

（4）定期检测化验有关数据，发现问题及时调节加药量。

（5）定期检验各种表计，确保各表计达到运行指示正确。

（6）定期检测 EDI 单个组件电流、电阻、产水电导率。

（7）如果浓水电导率小于 250μS/cm，应及时加盐（NaCl 药箱）。

三、系统控制

EDI 设备属于水的精处理设备，对进水要求比较严格，必须加强系统水的控制才能保证 EDI 稳定安全运行。主要控制以下几方面。

1. 膜结垢

EDI 组件内的阴、阳膜结垢是一个重要问题。在运行中，水中 Ca、Mg 离子进入浓水室后会在阴膜表面富集，而淡水室内阴膜极化产生的 OH^- 透过阴膜造成浓水室表面有一个高 pH 值层面，这一特点会造成浓水室的一面结垢趋势明显增加。当 pH>9 时，Ca、Mg 盐类便结晶析出产生水垢。

为了防止膜结垢，浓水系统内一定要加阻垢剂，使 Ca、Mg 晶间歪曲而不能集结产生水垢；并严格控制产水的回收率和进水水质，主要是监视 CO_2（pH 值）、硬度和电导率（不超过 $10\mu S/cm$）。

2. 浓水系统加盐（Na_4）

对于 EDI 进水电导率较低的系统，很难维持足够大的系统电流，但电流低则不能保证高质量的产水。故必须向浓水系统中加 NaCl 盐类以提高其电导率，使其电导率在 $300\sim350\mu S/cm$ 之间，一般维持在 $250\sim300\mu S/cm$。

当 EDI 设备刚投运时，浓水和淡水的电导率一般很低，随着时间的延长，浓水电导率升高，产水电阻上升，所以，在运行 $1\sim2h$ 后要向浓水系统加盐，以维持浓水电导率在 $250\sim300\mu S/cm$ 之间。

如果新换或新安装的组件，在一开始运行浓水电导值很高，可达 $1000\mu S/cm$ 以上，这是因为组件出厂时，内部装食盐水的缘故。投运时要大电流（按正常电流增大 $20\%\sim30\%$）再生 24h 后再转入正常运行。

3. 进水 CO_2

如果在 EDI 的设计和运行操作中，工作人员没有对进水中 CO_2 高度的重视（没除去 CO_2），会造成设备产水量下降，水质质量差。原因如下。
方程式反应

$$CO_2 + OH^- \longrightarrow HCO_3^-$$

$$HCO_3^- + OH^- \longrightarrow CO_3^{2-} + H_2O$$

如果进水中含有残余硬度（即 Ca、Mg 离子），当 pH>8.5 时，则产生水垢，反应如下

$$Ca^{2+} + CO_3^{2-} \longrightarrow CaCO_3 \downarrow$$

所以，若进水中 CO_2 含量高时，应考虑上脱二氧化碳设备；若进水中 CO_2 含量低时，可进行加碱，控制进水 pH>8.0（但不能超过 8.5）时，便可除去进水中的 CO_2，即在 RO 系统产水母管上加工业 NaOH 溶液调 pH 值后进入中间水箱。

4. TEA 控制

TEA 为 EDI 可交换的阴离子总量，总阳离子是以 TEC 表示，它是 EDI 制水系统的一个重要指标。

水中的 CO_2 含量一般按 mg/L 计算，将水中 CO_2 转换成 $CaCO_3$ 并考虑动态平衡，则 5mg/L 的 CO_2 相当于 10mg/L $CaCO_3$（TEA）。

在 EDI 膜组件中允许进水中阴、阳离子含量最大为 25mg/L（按 $CaCO_3$ 计），虽然进水中阴、阳离子是平衡的，但大多数进水中都含有 CO_2，它在组件内与水电解产生的 OH^- 会结合成 HCO_3^- 或 CO_3^{2-}。

由此可见，EDI 可交换的总阴离子总是大于可交换的阳离子，所以若水中的 TEA 小于 25mg/L（以 $CaCO_3$ 计）时，则水中的 TEC 含量必定小于 25mg/L。如果控制了进水中 TEA 含量，就能满足 EDI 组件对进行中可交换离子浓度的要求。

为此必须定期对 EDI 进水进行必要的化学分析，计算出 TEA 含量，以便于控制和调整设备。

5. EDI 极水排放的控制

在 EDI 组件内，电极室存在着电解反应，会产生 O_2、H_2、Cl_2 和 H_2S 等气体，必须随时用极水将电极表面产生的气体带走，这样才能进一步保证电极更好地进行电解反应；否则，这些气体会附着在电极表面形成一个气泡层，抑制电解反应的进行，使产水质量恶化。

为了保证这些气体排出，极水必须呈无压状态流动、排放，并保证排放点通风良好，一般极水排放量按浓水排放量的 1/2 控制。

6. 浓水排放控制

在 EDI 组件内，淡水室内的盐类分别进入阴、阳浓水室，其含量不断增多，当达到一定浓度时会发生浓差极化现象，产生水垢。所以必须随时排掉浓水，维持 EDI 设备内的溶液环境在一定的浓度，一般电导率在 $300\mu S/cm$ 左右。

但如果浓水排放量过大，则产水回收率低，使制水成本增大。为此，对浓水排放量必须控制在一定范围内，其调整参数如下。

按每个组件计算：每个组件产水量为 $2.0m^3/h$ 时，浓水排放量按 $0.3\sim0.5m^3/$（h·件）×组件个数计算。极水排放量按 $50\sim60L/$（h·件）×组件个数。

浓水、极水总排放量也可按下式进行计算

$$\frac{淡水流量}{回收率}\times100-淡（产）水流量=总排放量$$

浓水排放量的调整：

（1）开淡水补充阀、浓水排放阀、极水排放阀。

（2）开浓水泵进水阀、出口阀、旁路阀。

（3）启动浓水泵，松动浓水泵排气螺栓排空气，待排净后拧紧排气螺柱。

（4）调节浓水排放浮子流量计和极水浮子流量计入口阀至排放流量。按产水流量为 $80m^3/h$ 计，浓水排放量应为 $4m^3/h$，极水排放量应为 $2m^3/h$ 为宜。

因 EDI 浓水质量比原水质量好，可将 EDI 浓水排放返回至原水箱。

7. 进水中有机物胶体的控制

EDI 最适宜的水源是地下水，因为地下水（深井水）有机物胶体含量较低，不会对组件阴、阳膜造成污染。

若采用地面水和地表水（浅井水）时，应加强水的前置预处理，必要时采取混凝、沉淀、过滤加活性炭处理。因为不同地区水质污染程度不一样，水中有机物胶体含量也不一样，并且随季节变化而变化。当系统采用 UF 时，对有机物的脱除率只有 30% 左右，且分子量为 50000 以下的低分子量有机物会进入反渗透系统，而 RO 系统对有机物胶体的去除能力为能去除相对分子质量大于 200 的分子，相对分子质量小于 200 的分子会透过反渗透膜进入 EDI 系统。

EDI 组件只能去除水中无机阴、阳离子（因主要靠阴、阳离子交换树脂和阴、阳膜），对水中有机物胶体则无能为力（因有机物是不导电的），这样，水中低分子有机物胶体会黏附在阴、阳交换膜上污染膜，使膜电阻升高，产水质量下降，通过膜的电流减少。

为了恢复产水质量，加大组件电流，必须提高电压，当提高至组件最大电流和最高电压时就不能继续增加，否则会击穿膜组件造成不可恢复的损失。

为此，若采用有机物胶体含量高的地面水时，必须采取混凝的方法使水中有机物胶体脱稳、凝聚成大颗粒，过滤除掉。

8. 进水中硅的控制

水中的活性硅和胶体硅是弱电解质，由其是胶体硅，在 EDI 组件内是很难去除的。但是，胶体硅不但污染阴、阳膜，还会随淡水进入除盐水箱，若进入锅炉后，在高温、高压、高 pH 值的条件下，胶体硅便转化成活性硅，使炉水含硅量增高。而硅在蒸汽中呈溶解状态，随蒸汽携带进入热力系统，恶化蒸汽品质，造成汽轮机积盐，危急安全生产。

所以，必须加以控制 EDI 进水中的硅含量。当原水中全硅含量超过 10mg/L 时，必须先对进水进行混凝，并采取除硅措施。

四、EDI 常见故障及处理方法

EDI 常见故障及处理方法见表 5-5。

表 5-5 EDI 常见故障及处理方法

故　障	原　因	处　理　方　法
1. 组件压降大	流量大或污染	调整流量或清洗组件
2. 组件压降小	流量小	调大流量
3. 产水量下降	(1) 组件污染、或阀门开度小	清洗组件或开大阀门
	(2) 进水压力低	泵出口阀开度小、调大
4. 产水水质差，电阻小	(1) 进水水质变化，电导率升高	RO 系统产水不合格，找 RO 系统的原因
	(2) 进水 pH 值低，CO_2 含量高	调大进碱量，提高 pH 值至 8.0
	(3) 组件接线烧蚀，电阻大	检修处理
	(4) 组件不通电（个别）	接点烧断，更换接点
	(5) 总电流太小	调大装置电流
	(6) 个别组件电流正常，但产水电阻小	电极室内有空气，拔下极水管，放净空气
	(7) 浓水压力高	调整浓水压力
	(8) 组件阴、阳膜污染	化学清洗浓水室
5. 浓水电导低	(1) 浓水排放量大	调小浓水排放量
	(2) 进水电导率明显下降	浓水中增加食盐
	(3) 加药泵系统故障	查加药系统

故　　障	原　　因	处 理 方 法
6. 浓水流量低	(1) 浓水泵内有空气	排浓水泵内空气
	(2) 组件污染严重	化学清洗组件
	(3) 旁路阀开度大	关小旁路阀
7. 浓水排放量小	阀门故障	更换阀门
8. 自动状态不启动	(1) 浓水泵不启动	先手动，查出原因再恢复自动
	(2) 浓水系统内存大量空气	排浓水泵内空气
	(3) 淡水流量低	产水阀未全开，重新全开
	(4) 旁路阀开度大	关小旁路阀
9. 整流器间歇	整流器内部温度高	清理风扇
10. 总电流变小	(1) 组件污染	化学清洗组件
	(2) 组件电极线断电	检修组件
11. 总电压升高	组件污染	化学清洗组件
		加大总电流
		提高浓水电导率，加盐

第五节　EDI 组件检测与检修

EDI 在运行中产水电导率突然下降，原因可能是 RO 系统产水电导率突然升高，或者 EDI 个别组件电接点锈蚀。组件电接点锈蚀会造成组件内电阻增大，电流减小；电接点处导线烧断（有时出现冒烟）则无电流，进入的水得不到交换便进入产水系统，造成产水电阻率突然升高，需要进行组件检测。

一、组件分电流检测

拆开组件接线盒，两只组件串联，五组并联，用万用表直流电流档，将测试笔分别插入并排的两只接线螺丝上，把电源开关扳向反方向处断开电源，查看万用表指示电流多少并记录，正常电流应在 4A 左右，查出电流大或小，或者无电流的组件，应进行检修。例如某电流实测值见表 5-6。

表 5-6　　　　　　　　　　　　　　某电流实测数据

组 例	一	二	三	四	五
一	4.4	3.85	3.3	4.75	3.85
二	4.3	3.8	4.4	4.5	3.4
三	0	3.5	3.2	3.9	3.9
四	4.2	4.5	3.5	4.2	4

通过分组电流测试，第三例第一组无电流。断开电源，关闭组件上、下出入口阀门，拧下上连接管，拆下上端盖，检查电极接线看是否烧蚀或烧断，处理更换。

厂家提供的新组件第一例电阻电流平衡表见表 5-7。

产水量为 90m³/h，运行总电流为 84A，每组（两只）电流为 4A，总电阻为 2.168Ω，运行电压为 182V。分电阻为 43.39Ω，进水电导率小于 15μS/cm，产水电阻超过 5MPa。

表 5-7　　　　　　　　　　　　　　　电阻电流平衡表

第一例	一只		二只		分电阻（Ω）	分电流（A）
	编号	电阻	编号	电阻		
一组	149	14.8	618	29.2	44	4.14
二组	730	15	536	28	43	4.24
三组	722	15.4	725	26.8	42.2	4.32
四组	630	15.6	621	26.5	42.1	4.33
五组	615	15.8	647	26.4	42.2	4.32

二、组件电阻检测方法

检测单只组件的电阻用万用表直流电阻档，将测试笔分别插入组件上端盖防爆孔内进行检测并记录。表 5-8 是某单位 EDI 产水电阻下降至 3MΩ，检查组件的电阻值。

表 5-8　　　　　　　　　　　　　　　某单位 EDI 组件电阻

组／例	一	二	三	四	五
一	16.7		75	18	20
	① 22		55	② 23	34
二	② 77	18	③ 23	④ 85	④ 22
	22	⑤ 20	25	33	18
三	21.7	⑥ 42	③ 34	① 97	⑤ 42
	⑥ 19.4	88	75	33	76
四	28	19	⑦ 87	21	34
	30	⑦ 20	37	22	37

将表 5-8 中编号相同的孔调换位置。经调换后，产水电阻升至 6.5MΩ。

三、组件电压测量方法

组件的电压测量用万用表直流电压档，不作详细介绍。

四、单组件产水电导率测量方法

如果产水电阻下降很快，已检查原水变化不大，RO 系统运行正常，可以检查单只组件产水电导率，哪只产水电导率高，哪只组件就有问题。应将设备解列进行检查、检修或更换，方法如下。

（1）拔下产水母管产水电阻发送器（电极）入口管。

（2）用一根 5m 左右的塑料软管，两头带专用插头（可向厂家索取），一头插入组件上端防爆孔内，另一头插入产水母管发送器内，从控制盘产水电阻表上读取电导值并记录。也可用便携式电导仪检测，并记录。

五、极水气体的检测

如果单只组件产水电导率高，电流小，可先检查极水室是否有气体。因为极水室有气体，会使产水电导率高，电流小，不排极水。具体检查方法如下：

（1）关闭相关组件的电源，盖好接线盒。

（2）拔下极水排放软管，看是否有极水流出，若没有极水流出，则表明极水室有气体。极水室有气体时，待气体排出、流极水后，安上极水排放软管恢复制水。如果无气体排出，也无极水排出，则证明极水管座拧得太紧将排放孔堵死。可用扳手将管座略向外拧出，待流极水时再安上极水管。如果有极水，单组件产水电导率高，电流小，则检查电极接线。

六、EDI 组件检修

板式 EDI 的检修包括树脂复苏和更换。

卷式 EDI 因其树脂不能拆卸，无法进行树脂复苏和更换，只能做如下检修。

1. 电极接线的检查检修

通过组件检测，个别组件产水电导率高、电流小或无电流，可能是电极接线故障。若发现某组件在运行中冒烟，则可能是电极接点烧坏，可做如下检修。

（1）拆开相应组件接线盒，关闭需检修组件的电源。

（2）拔下组件上部电源插头。

（3）关闭组件进、出口阀。

（4）拆下上端淡、浓水出水管，拔下极水管。

（5）将三爪套筒专用扳手插入浓水出口孔内，顺时针（反丝）拆出中心管紧固螺丝。

（6）向上提出上端盖（同时用橡胶或木榔头向上敲击）。

（7）检查清理电极接线点，若电极线没断，只是接点锈蚀，可用零号砂纸将锈蚀部清理，重新装好。如果电极线烧断，则更换电极线接头（由厂家提供）。

（8）经过上述检修后，逆顺序装好组件，恢复组件运行。

2. 组件更换

如果组件经检测检修后不能恢复制水，需要更换新组件，方法如下。

（1）拆开相应组件接线盒，关闭需检修组件的电源。

（2）拔下组件上部电源插头。

（3）关闭组件进、出口阀。

（4）拆下上部淡、浓水出水管，拔下极水管。

（5）拆下组件底部淡、浓水入口管，放净组件内的存水。

（6）抱紧组件向左转动 10mm 左右（组件的固定是四面对称的长扣），使其松动，需两人将其抬下。注意不要碰坏极水排放管座。

（7）组件安装。两人抬上新组件，观察淡水、浓水出口管左右方向与相邻的位置相同，否则进、出水管无法安装。一人抱紧组件对准底座长扣，水平向右转约 10mm，组件即可就位。

（8）组件就位后，逆顺序将组件安装，并恢复运行。

如果一次更换组件 5 只以上，投运后应进行 24h 大电流再生，再转入正常运行。

3. 组件出、入口阀门及软管检修

因组件出、入口阀门都是塑料球阀，安装时不要拧得过紧，否则会容易损坏。拧时以不漏水为原则。其塑料软管会因冬夏气温变化大，在停运和启动过程中的水压力的冲击下慢慢脱出造成泄漏，故要定期检查上紧；更换时，要略长一点，约 50mm 左右，这样塑料软管就不宜松动脱出，切记不要太短过紧。

■ 第六节　EDI 化 学 清 洗

EDI 属于水的精处理装置，不管预处理采用哪种方法，都不可避免地使组件内阴、阳离子交换膜受到污染，特别是在系统控制不严格时，会使产水质量下降，甚至造成组件不可恢复损坏。所以，必须进行 EDI 化学清洗，使组件恢复性能，特别是卷式 EDI（其树脂不能更换）。

一、清洗方案选择

1. 系统酸洗

进水中胶体铁或 Mn 的含量较高，或 TDS 偶尔偏大，都会引起阴、阳离子交换膜的污染。另外，浓水室中阴、阳离子浓缩，如果浓水排放量偏低，回收率过高，极易造成膜的结垢。因此，定期对 EDI 进行化学酸洗是十分必要的，一般 3～6 个月清洗一次是正常的。

一般用化学纯 HCl 进行酸洗，浓度在 1％～2％；或用 0.5％的 EDTA＋1％柠檬酸进行酸洗。

2. 系统碱洗

碱洗一般采用 5％NaCl＋2％NaOH，或采用 0.5％的 EDTANa 盐＋2％NaOH。

3. 系统杀菌

在 EDI 化学水处理系统中，前置预处理虽然都进行了杀菌处理，但在中间环节例如淡水箱或脱二氧化碳器和中间水箱中，不可避免地会进入细菌微生物。另外，虽然预处理进行了杀菌，但不可能将所有细菌全部杀死，总有少量特殊细菌存在。化学水处理系统水温度适宜细菌微生物的大量繁殖，时间一长便造成 EDI 组件的细菌微生物污染。因此，EDI 系统定期进行杀菌清洗也是非常必要的。

杀菌清洗一般用过氧乙酸进行，浓度为 10mg/L 为宜。

过氧乙酸可以通过市场采购，也可自行配制，方法如下：

10％的冰乙酸＋10％的双氧水以 1∶1 的比例进行混合，放置 24h 便制成过氧乙酸溶液。

二、清洗方法

EDI 系统的清洗系统与 RO 系统的清洗系统共用，在整个系统的安装时已经安装好，配药方法也和 RO 清洗差不多，只是采用的药品、浓度不同。

清洗步骤

（1）关闭 EDI 进水、产水总阀（手动蝶阀）。

（2）关闭浓水泵进出口总阀，极水、浓水排放阀。

（3）清洗。关闭清洗系统 RO、UF 清洗阀，开 EDI 清洗阀，启动清洗泵，开再循环阀，药液循环 1～3min，缓慢开泵清洗出口阀、保安过滤器上部空气阀，排空气，出水后关空气阀，关泵出口再循环阀（不要全关），调至保安压力 0.15～0.2MPa，循环不清洗 15min。

（4）停清洗泵，浸泡 30min。

（5）再循环。启动清洗泵，再循环 15min。

（6）浸泡。停清洗泵，浸泡 30min。

（7）冲洗。启动清洗泵，循环 5min 后，开清洗保安排放阀排废液，当废液排至药箱低水位时停泵，开药箱排放阀排净废液；关药箱排放阀，开注水阀，上水至超过水箱容量 1/2 时启动清洗泵，边注水边循环冲洗 EDI 系统 5min。停泵排水，换水重新冲洗，反复 3～5 遍，直至冲洗废液呈中性。

（8）更换清洗液或 NaOH 碱洗。

EDI 系统的清洗原则上只清洗浓水室，杀菌时可淡水室、浓水室同时清洗。

■ 第七节 EDI 全膜脱盐工艺

具有国际先进水平的化学水处理技术——全膜脱盐装置，2002 年在山东地方热电厂率先安装使用投产。此项技术彻底摆脱了化学水处理最头痛的酸、碱系统，减轻了环境污染，并全部实现自动控制。

一、流程

　　　　　　　　　　　　　　　　　　　　　加还原剂　加阻垢剂
　　　　　　　　　　　　　　　　　　　　　　　↓　　↓
原水箱——→原水泵——→加热器——→盘式过滤器——→超滤——————→保安过滤器——→
　　　　　　　　加 NaOH
　　　　　　　　　↓
高压泵——→反渗透————→中间水箱——→中间水泵——→EDI——→除盐水箱——→除盐水
　　加氨
　　　↓
泵————→锅炉用水点。

根据近年来的实际运行状况，此项技术最适合采用深井水作水源；如果采用地面水作水源，必须加强前置预处理措施，否则系统运行不稳定。主要原因分析如下。

（1）地面水悬浮物高，有机物胶体多，但盘滤过滤精度低，只能去除水中颗粒直径为 50～100μm 的物质，所以只能作为超滤的保安过滤。

（2）超滤对有机物胶体的脱除率只有 0～30%，相对分子质量大于 50000 的分子有机物才能脱除，并且还会造成膜污堵，必须频繁清洗，使工作量加大，制水成本增加。

（3）相对分子质量小于 50000 的低分子有机物、胶体对反渗透设备同样造成污染，使压差增大，产水质量下降，必须频繁清洗。

（4）反渗透只能脱除相对分子质量大于 200 及以上的有机物胶体，对于相对分子质量小于 200 的有机物，它们会进入 EDI，污染 EDI 组件，使产水电阻下降。

（5）对硅的去除率低。EDI 产水硅含量在 $50\mu g/L$ 左右，有时可达 $80\sim100\mu g/L$。

二、全膜脱盐系统图

本系统图为某单位全膜脱盐工艺系统图（见图 5-7）。

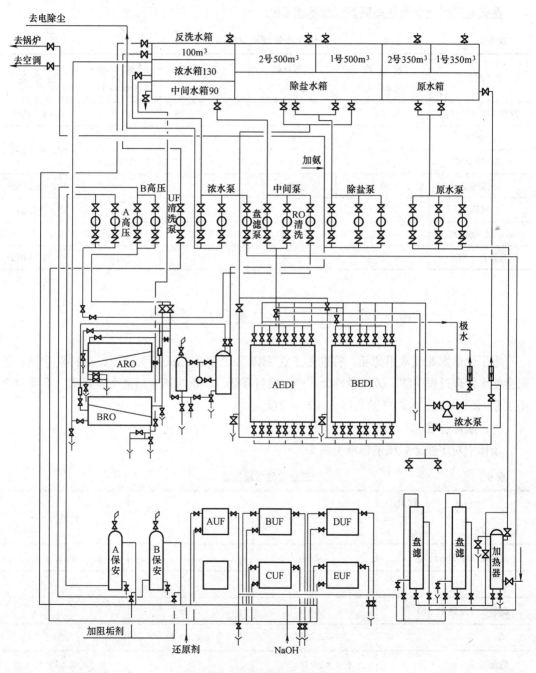

图 5-7　全膜脱盐系统图

第六章 化学水处理质量标准及常用药品检测方法

在火电厂中化学水处理质量标准见表 6-1。

表 6-1   化学水处理质量标准

水处理方法	硬 度 (mmol/L)	二氧化硅 (μg/L)	电导率 (μS/cm)	碱 度 (mmol/L)	用 途
镁剂除硅—二级钠	≤5	≤1500	—		中、高压锅炉
二级钠	≤5				中、低压锅炉
氢—钠交换	≤5	—		0.3～0.5	
一级除盐	0	≤100	≤10	—	中、高压锅炉
二级除盐	0	≤20	≤1.0		中、高压锅炉
一级+混床	0	≤20	≤0.2		
反渗透+EDI	0	≤20	≤0.1	pH=7	中、高压锅炉

■ 第一节 工业盐酸的检测方法

电厂化学水处理常用药品，特别是工业 HCl 和工业 NaOH 至关重要，应特别重视，否则会使水处理过程中酸、碱耗量增大，产水质量降低，严重时还会污染交换树脂。下面只介绍工业 HCl 和工业 NaOH 的检测方法，其他药品略。

一、质量标准

国标中对工业盐酸质量标准见表 6-2。

表 6-2   工业盐酸质量标准

名称 \ 级别 指标	优级	一级	合格品
总酸度（以 HCl 计）	≥31.0	31.0	31.0
铁	≤0.006	≤0.008	≤0.01
硫酸盐（以 SO_4^{2-} 计）	≤0.05	0.03	—
砷	≤0.0001	≤0.0001	≤0.0001
灼烧残渣	≤0.08	≤0.1	≤0.15
氧化物（以 Cl 计）	≤0.05	0.008	0.01

二、HCl 含量的测定方法

按照国家标准 GB 320—1993，HCl 含量的测定方法是用溴甲酚绿法检测。但电力系统一般是按照电力工业部 DL 422—1991《火电厂用工业合成盐酸的试验方法》进行检测，用的是甲基橙容量法，其方法如下。

1. 概要

以甲基橙为指示剂，用氢氧化钠标准溶液滴定试样测定盐酸含量。反应式如下

$$HCl+NaOH \longrightarrow NaCl+H_2O$$

2. 测定方法

取 3mL 试样置于内装 30mL 二级试剂水（高纯水），并已称重（称准至 0.001g），放入锥形瓶中，小心混匀。加 1～2 滴甲基橙指示剂，用氢氧化钠标准溶液进行滴定，溶液由红色变为橙色即为终点，记录所清耗氢氧化钠标准溶液的体积 V。

3. 计算

盐酸含量记为 w（以质量百分数表示），按下式进行计算

$$w = \frac{c_{NaOH} \cdot V_{NaOH} m_{HCl}}{m \times 1000} \times 100\%$$

式中　c_{NaOH}——氢氧化钠标准溶液的浓度，mol/L；

$\quad\quad V_{NaOH}$——滴定消耗的 NaOH 标准液体积，mL；

$\quad\quad m_{HCl}$——HCl 的摩尔质量，36.4g/moL；

$\quad\quad m$——试样质量，g。

三、密度计测量法

生产上工业 HCl 的百分含量一般测其试样密度，用婆梅密度计，根据密度查出工业 HCl 百分含量（浓度），见表 6-3。

表 6-3 　　　　　　　　　　　　工业 HCl 密度与百分含量对比表

密度 （g/cm³）	百分含量 （%）	密度 （g/cm³）	百分含量 （%）	密度 （g/cm³）	百分含量 （%）	密度 （g/cm³）	百分含量 （%）	密度 （g/cm³）	百分含量 （%）	密度 （g/cm³）	百分含量 （%）
1.008	2	1.028	6	1.078	16	1.119	24	1.139	28	1.159	32
1.018	4	1.047	10	1.098	20	1.129	26	1.149	30	1.169	34

四、含铁量的测定（邻菲啰啉分光光度法）

1. 概要

用盐酸羟胺将盐酸中的三价铁离子还原成二价铁离子，在 pH 值为 4.5 的条件下，二价铁离子与邻菲啰啉反应生成桔红色络合物，用分光光度法（波长为 510nm 测定吸光度）。其反应式如下

$$4Fe^{3+} + 2NH_2OH \longrightarrow 4Fe^{2+} + N_2O + H_2O + 4H^+$$

$$Fe^{2+} + 3C_{12}H_8N_2 \longrightarrow [Fe(C_{12}H_8N_2)_3]^{2+}$$

2. 试剂

（1）10% 盐酸羟胺溶液（质/溶）。称取 10g 盐酸羟胺，加少量无铁水（二级试剂水），

待盐酸羟胺溶解后再用无铁水稀释至 100mL，摇匀贮存于棕色瓶中。

（2）0.1‰邻菲啰啉溶液（质/溶）。称取 1.0g 邻菲啰啉将其溶于 100mL 无水乙醇中，再用无铁水稀释至 1L，摇匀贮于棕色瓶中且放入冰箱存放。

（3）乙酸铵溶液。称取 100g 乙醇铵（分析纯）溶于 100mL 无铁水中，加 200mL 冰乙酸，再用无铁水稀释至 1000mL，摇匀。

（4）1mL 铁标准溶液含有 0.01gFe。按 GB 602 配制或按 GB 631—1989 进行配制，使用时需稀释 10 倍。还可按如下方法进行配制，称取 0.0699g 纯铁丝，用 50mL 1:1 的 HCl 加热溶解，再加少量过硫酸铵煮沸数分钟，然后稀释至 1000mL 即为 1mL 溶液含 1mgFe 的标准液。

（5）氢氧化铵溶液。1:1 溶液，按 GB 631—1989 进行配制。

3. 测定方法

（1）标准曲线的绘制。根据试样铁含量按表 6-4 取铁工作液。

表 6-4 铁标准液铁含量对应表

序 号	1	2	3	4	5	6
铁标准液（mL）	0	2	4	6	8	10
相当于铁含量（mg）	0	0.02	0.04	0.06	0.08	0.10

将铁工作液注入一组 50mL 容量瓶中，加无铁水 20mL，再在容量瓶中加 1mL 盐酸羟铵溶液，摇匀静止 5min 再加邻菲啰啉摇匀。慢慢滴加氢氧化铵溶液至刚果红试纸由蓝色变为红色，pH 值为 3.8～4.1，再加 5mL 乙酸—乙酸铵缓冲溶液摇匀，用无铁水稀释至满刻度，摇匀，放置 15min。用 1cm 比色皿，以空白液作参比，测定各显色液的吸光值，并绘制工作曲线。

（2）试样测定。吸取 8mL 试样，将相对密度换算成质量，移入内装 50mL 无铁水的 100mL 的容量瓶中，稀释至满刻度，摇匀。从中吸取 10mL 试液，移入事先加过少量无铁水的 50mL 容量瓶中，按工作曲线加药测定吸光值，查出试样含铁量。

（3）计算。

$$w = \frac{m_1}{100m} \times 100\% = \frac{m_1}{m} \quad \%$$

式中　w——试样含铁量，%；

　　　m_1——试样含铁量，mg；

　　　m——试样质量，g。

五、氧化物测定

1. 概要

试样 HCl 溶液加入碘化钾溶液会析出碘，以淀粉溶液为指示剂，用硫代硫酸钠标准液滴定游离出来的碘，其反应如下

$$2I^- - 2e \longrightarrow I_2$$

$$I_2 + 2S_2O_3^{2-} \longrightarrow S_4O_6 + 2I^-$$

2. 试剂

(1) 盐酸。

(2) 碘化钾。称取 100g 碘化钾溶于蒸馏水中，稀释至 1000mL，摇匀。

(3) 硫代硫酸钠。0.1mol/L 标准液，按 GB 601 配制。

(4) 可溶性淀粉溶液。10g/L 标准液，按 GB 603 配制，可保留两周时间。

3. 测定方法

(1) 取试样 50mL，移入内装 100mL 水的有塞子的锥形瓶中进行称量，要求精确至 0.01g。

(2) 向试样溶液中 10mL 碘化钾溶液，盖紧瓶塞摇匀，在暗处静止 2min，然后加 1mL 淀粉溶液，用硫代硫酸钠滴定至蓝色消失。

同时做空白试验。

4. 计算

$$氧化物（以 Cl 计）=\frac{0.0355\,(V_1-V_0)\,c}{m}\times100=\frac{3.55\,(V_1-V_0)\,c}{m}$$

式中　c——硫代硫酸钠浓度，mol/L；

　　　V_0——空白试验消耗硫代硫酸钠体积，mL；

　　　V_1——硫代硫酸钠滴定消耗的体积 mL；

　　　m——试样质量，g；

0.0355——与 1mL 浓度为 1mol/L 硫代硫酸钠相当的氯的质量。

六、灼烧残渣测定

1. 概要

蒸发一份称好的样品，用硫酸进行处理，使盐类转化成硫酸盐，在 800±50℃ 下灼烧、称重。

2. 试剂

硫酸，按 GB 625 进行配制。

3. 测定方法

(1) 将瓷坩埚在 800±50℃ 下灼烧 15min，然后置于干燥器内冷却至室温，称重，精确至 0.0002g。

(2) 用此坩埚快速称量 50g 试样，要求精确至 0.01g。

(3) 在砂浴上蒸发至体积约为 5～10mL，冷却至室温。

(4) 加 1mL 硫酸，再加热蒸干。

(5) 将坩埚放入 800±5℃ 的高温炉内灼烧 15min，放在干燥器内冷至室温称重，要求精确至 0.0002g。

4. 计算

$$HCl=\frac{m}{m_1}\times100\quad\%$$

式中　m_1——试样质量，g；

m——灼烧残渣质量，g。

5. 注意事项

(1) 工业 HCl 取样后先目测观察其颜色和混浊情况。

(2) 副产品和不是正规厂家生产的药品绝对不能用。

第二节 工业氢氧化钠检测

一、质量标准

工业氢氧化钠质量标准见表 6-5。

表 6-5 工业氢氧化钠质量标准

项 目	前化法	隔膜法	项 目	前化法	隔膜法
NaOH（%）	>45	>42	NaCl（%）	<0.8	<2.0
NaCO₃（%）	<1.1	<0.8	Fe₂O₃（mg/L）	<0.02	<0.01

二、NaOH 含量测定（容量法）

1. 概要

在试样中，以酚酞为指示剂，用盐酸标准液滴定至溶液颜色由红色变为无色即为终点。其反应如下

$$NaOH + HCl \longrightarrow NaCl + H_2O$$

2. 试剂

(1) 1% 酚酞乙醇溶液。

(2) 1mol/L 盐酸标准值。

(3) 0.1% 的甲基橙指示剂

3. 测定方法

(1) 迅速称取 35±0.1g 固体 NaOH 或 50g 液体 NaOH，放入 1000mL 容量瓶中，用蒸馏水溶解并冷却至室温，稀释至满刻度。

(2) 吸取 50mL 上述溶液注入 250mL 锥形瓶中，加 2～3 滴酚酞指示剂，摇匀。

(3) 用 1mol/L HCl 标准溶液滴定至溶液由红色变为无色为终点，记录消耗 HCl 体积（V）。

(4) 继续加入 2～3 滴甲基橙指示剂，用 HCl 标准溶液滴定至溶液由黄色变为橙色为终点，记录消耗量为 V_1。

4. 计算

$$NaOH = \frac{40c\ (2V - V_1)}{m} \times 100\%$$

式中 c——盐酸标准溶液浓度，mol/L；

V——以酚酞滴定时消耗 HCl 的量，mL；

V_1——以甲基橙滴定时消耗 HCl 的量，mL；

40——NaOH 摩尔质量；

m——试样质量，g。

三、NaCO₃ 含量的测定

测定方法与 NaOH 相同，只是计算公式不同。计算方法如下

$$NaCO_3 = \frac{26.5c \cdot (V_1 - V)}{m} \times 100\%$$

式中　26.5——$\frac{1}{2}$ NaCO₃ 摩尔质量。

四、含铁量的测定

1. 概要

用盐酸羟胺将盐酸中的三价铁离子还原成二价铁离子，在 pH 值为 4.5 的条件下，二价铁离子与邻菲啰啉反应生成桔红色络合物，用分光光度法（波长为 510nm 测定吸光度）。其反应式如下

$$4Fe^{3+} + 2NH_2OH \longrightarrow 4Fe^{2+} + N_2O + H_2O + 4H^+$$

$$Fe^{2+} + 3C_{12}H_8N_2 \longrightarrow [Fe(C_{12}H_8N_2)_3]^{2+}$$

2. 试剂

（1）浓盐酸。

（2）刚果红试纸。

（3）10% 盐酸羟胺溶液（质/溶）。称取 10g 盐酸羟胺，加少量无铁水（二级试剂水），待盐酸羟胺溶解后再用无铁水稀释至 100mL，摇匀贮存于棕色瓶中。

（4）0.1% 邻菲啰啉溶液（质/溶）。称取 1.0g 邻菲啰啉，将其溶于 100mL 无水乙醇中，再用无铁水稀释至 1L，摇匀贮于棕色瓶中且放入冰箱存放。

（5）乙酸铵溶液。称取 100g 乙醇铵（分析纯）溶于 100mL 无铁水中，加 200mL 冰乙酸，再用无铁水稀释至 1000mL，摇匀。

（6）1mL 铁标准溶液含有 0.01gFe，按 GB 602 配制或按 GB 631—1989 进行配制，使用时需稀释 10 倍。还可按如下方法进行配制，称取 0.0699g 纯铁丝，用 50mL 1：1 HCl 加热溶解，再加少量过硫酸铵煮沸数分钟，然后稀释至 1000mL，即为 1mL 溶液含 1mgFe 的标准液。

（7）氢氧化铵溶液。1：1 溶液，按 GB 631—1989 进行配制。

（8）工作液为 1mL 溶液含 0.1mg Fe₂O₃。吸取 1mL（含有 1mg Fe）的贮备液，稀释至 10 倍。

3. 测定方法

（1）工作曲线绘制。

工作曲线表见表 6-6。

表 6-6　　　　　　　　　　　NaOH 含铁量工作曲线表

	0	1	2	3	4	5	6	7	8	9	10
铁工作液（mL）	0	20	40	60	80	100	150	200	250	300	400
相当于含铁量（mg）	0	0.02	0.04	0.06	0.08	0.1	0.15	0.2	0.25	0.3	0.4

按表 6-6 吸取铁工作液（0.20、…、400mL）注人足够量程的容量瓶中，用无铁水稀释，加入 1mL HCl，摇匀，再加入 1mL 盐酸羟胺，摇匀，静置 5min。加入 5mL 邻菲啰啉，摇匀后加入一块刚果红试纸，滴加氢氧化铵调节至溶液 pH＝3.8～4.1，试剂由蓝色变为紫红色，加入 5mL 乙酸铵缓冲液，用无铁水稀释至刻度摇匀静置 5min。用 1cm 比色皿、分光光度计波长为 510nm，以空白试验作参比，测定溶液吸光度值，绘制工作曲线。

（2）试样测定。

1）称取 10g 固体 NaOH 置于量程为 400mL 的烧杯中，加入无铁水 100mL，再加入 2～3 滴对硝基酚指示剂（0.25％），用 HCl 溶液中和至黄色消失，再过量加入 2mL，HCl 溶液煮沸 5min，然后移入 250mL 容量瓶，稀释至满刻度。

2）取上述 NaOH 溶液或 50mL 液体 NaOH 注入量程为 100mL 的容量瓶中，按工作曲线操作步骤测出其吸光度值，从曲线上查出相应含 Fe 量。

（3）计算。

$$Fe_2O_3 = \frac{1}{20}\frac{m_1}{m} \times 100\% = 0.5\frac{m_1}{m} \quad \%$$

式中　　m_1——Fe 含量，mg；

　　　　m——试样质量，g。

五、婆梅密度计法测 NaOH 百分浓度

在生产上，水处理用工业 NaOH 一般都用婆梅密度计检测百分浓度。

NaOH 密度与百分浓度含量表见表 6-7。

表 6-7　　　　　　　　　　　　　NaOH 密度与百分浓度含量表

密度 (mg/cm³)	百分浓度 (％)	含量 (mg/L)	密度 (mg/cm³)	百分浓度 (％)	含量 (mg/L)
1.01	1	10.1	1.219	22	243.8
1.032	3	30.95	1.263	24	303.0
1.054	5	52.69	1.285	26	334
1.09	10	110.9	1.306	28	365.8
1.164	15	174.7	1.328	30	398.4
1.197	18	215.5	1.349	32	465.7
1.219	20	243.8	1.390	36	500.4

六、氯化钠有效成分的测定

1. 概述

氯化钠主要成分分析，基于分别测定钙、镁硬度和氯根，由于试样中硫酸根与钙镁结合，溶解度较小而不予考虑，只从氯根中减去与钙、镁结合量，其余 Cl⁻ 则可完全按氯化钠计算。

2. 试剂

（1）10％铬酸钾溶液。

（2）1％酚酞指示剂。

（3）0.05mmol/L H$_2$SO$_4$ 溶液。

（4）1mL 含有 1mg Cl$^-$ 硝酸银溶液。

（5）0.005～0.05mmol/L EDTA 溶液。

（6）氨缓冲液。

3. 试验方法

（1）水分。称取经过研磨的 NaCl 2g，干燥后放入已称量的称量瓶中，在 150℃下烘 2h 后冷却，称至恒重。

（2）水不溶物。将测过水分后的试样充分溶解于水中，用已恒重的滤纸过滤到 500mL 容量瓶中，并洗涤称量瓶至洗液中无 Cl$^-$ 反应，然后一并注入 500mL 容量瓶中，稀释至满刻度。将具有不溶物的滤纸在 105～110℃下烘干称量。

（3）总硬度测定。取上述试样适量，估计约 0.25～2.5mmol/L，用除盐水稀释至 100mL，注入三角烧瓶；然后加 5mL 氨缓冲液，加 7 滴铬黑 T 指示剂，用 EDTA 滴定至红色变成蓝色为止，记录 EDTA 溶液消耗数（a）。

如果硬度小于 0.25mmol/L 时，则取试样 100mL，加入 1mL 硼砂缓冲液和 5 滴酸性铬兰 K 指示剂，用 0.01EDTA 滴定至红色变为蓝色为止。记录 EDTA 溶液消耗数 a'。

（4）氯根测定。取上述试样 10mL，稀释至 100mL，注入三角烧瓶中，加 2 滴酚酞指示剂，若溶液显红色，用 0.05mmol/LH$_2$SO$_4$ 中和至无色，加 1mL 10％的铬酸钾指示剂，用 1mL（含有 1mg Cl$^-$）的硝酸银溶液滴定至溶液显红色为止，记录硝酸银溶液消耗数。

（5）计算。

$$水分 = \frac{A-B}{m} \times 100\%$$

式中　A——试样烘前总重，g；

　　　B——烘后总重，g；

　　　m——试样重，g。

$$不溶物 = \frac{A-B}{m} \times 100\%$$

式中　A——滤纸和不溶物总重，g；

　　　B——滤纸重，g；

　　　m——试样重，g。

总硬度（Ca·Mg）：

＞0.5 时：$总硬度 = \frac{500aK}{2 \times 10V}$　mol/L

＜0.5 时：$总硬度 = \frac{500a'K'}{2 \times 100V}$　mol/L

式中　a、a'——0.1、0.01 EDTA 分别的消耗数；

　　K、K'——EDTA 浓度；

　　　　V——试样体积，mL。

$$Cl^- = \frac{500\ (a-a')\ K}{2 \times 35.5 \times 10}\quad mol/L$$

式中　a——硝酸银消耗数，mL；

　　　a'——除盐水稀释时的空白试验消耗数，mL；

　　　K——硝酸银浓度。

$$NaCl = \frac{(Cl^- - Ca \cdot Mg)\ \times 58.8}{2 \times 1000m} \times 100\%$$

式中　Cl^-——氯根含量，mol/L；

　Ca·Mg——总硬度，mol/L；

　　　m——试样质量，g。

七、磷酸三钠有效成分的测定

1. 概述

磷酸三钠有效成分的测定是以酚酞为指示剂，用酸滴定 1/3；再以甲基橙为指示剂，滴定 1/3；然后再用 NaOH 回滴 1/3。用酸和碱的消耗量，计算出总含量。反应如下

$$Na_3PO_4 + HCl \longrightarrow Na_2HPO_4 + NaCl$$
$$Na_2HPO_4 + HCl \longrightarrow NaH_2PO_4 + NaCl$$
$$NaH_2PO_4 + HCl \longrightarrow H_3PO_4 + NaCl$$
$$NaH_2PO_4 + NaOH \longrightarrow Na_2HPO_4 + NaCl$$

因此，以酚酞为指示剂时，用酸滴定只能测到 1/3，再以甲基橙指示剂滴定 1/3，生成的 NaH_2PO_4 用 NaOH 回滴，又可测得 1/3。所以，用酸和碱的消耗总量，计算出 Na_3PO_4 含量。

2. 试剂

(1) 0.05mmol/L HCl 溶液。

(2) 0.05mmol/L NaOH 溶液。

(3) 酚酞指示剂。

(4) 甲基橙指示剂。

3. 测定方法

称取试样 20g，用煮沸后的除盐水将试样溶解于 1000mL 容量瓶中，稀释至满刻度，摇匀并过滤，初液弃之，再用 10mL 移液管吸取滤液，注入到三角烧瓶中，加 90mL 煮沸冷却后的除盐水。加 2 滴酚酞指示剂，用 0.05mmol/L HCl 滴定至溶液无色，记录耗量为 ϕ；再加 2 滴甲基橙指示剂，继续用 HCl 滴至橙黄色，记录耗量为 a；将此液煮沸 3min，迅速冷却至室温，如果溶液变黄色，继续用 HCl 滴至橙色，将此消耗量一并记录到 a 中，然后再用 0.05mmol/L NaOH 回滴至酚酞微红色为止，记录耗量为 b。

4. 计算

(1) 第一种情况，$b=a$。

1) $\phi=a$，说明仅有 Na_3PO_4。

$$Na_3PO_4 = \frac{16.4\phi K}{m}\quad \%$$

式中 ϕ——酚酞滴定消耗量，mL；

   16.4——1mL 0.05mmol/L HCl 相当于 Na_3PO_4 的 mg 数；

   m——试样质量，g；

   K——HCl 浓度，0.05mmol/L。

2) $\phi < a$，说明含有 Na_2HPO_4 和 Na_3PO_4

$$Na_2HPO_4 = \frac{14.2\ (a-\phi)\ K}{m}\ \%$$

$$Na_3PO_4 = \frac{16.4\phi K}{m}\ \%$$

式中 a——甲基橙滴定时消耗 HCl 量，mL；

   14.2——1mL 0.05mmol/L 的 HCl 相当于 Na_2HPO_4 的质量，mg。

(2) 第二种情况，$b < a$，含有 Na_2CO_3。

$$Na_2CO_3 = \frac{5.3 \times 2\ (a-b)}{m}\ \%$$

式中 b——以 0.05mmol/L NaOH 回滴时的消耗量，mL；

   5.3——1mL 0.05mmol/L HCl 相当于 Na_2CO_3 的质量，mg。

1) $\phi = a$，说明含有 Na_3PO_4。

$$Na_3PO_4 = \frac{16.4b}{m}\ \%$$

2) $\phi < a$，说明除 Na_3PO_4 外还有 Na_2HPO_4。

$$Na_3PO_4 = \frac{16.4\ [\phi - (a-b)]}{m}\ \%$$

$$Na_2HPO_4 = \frac{14.2\ (a-b)}{m}\ \%$$

3) $\phi > b$。

$$Na_3PO_4 = \frac{16.4\phi K}{m}\ \%$$

(3) 第三种情况，$\phi > a$，含有 NaOH。

$$NaOH = \frac{4\ (\phi - a)}{m}\ \%$$

式中 4——1mL 0.05mmol/L 的 HCl 相当于 NaOH 的质量，mg。

1) $a = b$，仅有 Na_3PO_4。

$$Na_3PO_4 = \frac{16.4a}{m}\ \%$$

2) $a > b$，除含 NaOH 外还有 Na_2CO_3 和 Na_3PO_4。

$$Na_2CO_3 = \frac{5.3 \times 2\ (a-b)}{m}\ \%$$

$$Na_3PO_4 = \frac{16.4b}{m}\ \%$$

在生产上，只计算有效成分 Na_3PO_4 就可以了。

第三节　聚合氯化铝的检测方法

因聚合氯化铝在生产原料和工艺不同，其所含的杂质也不同，其液体产品为无色、淡灰色、浅黄色或棕褐色透明或半透明液体，无沉淀物，其固体产品是白色、淡灰色、淡黄色或棕褐色晶体或粉状。

聚合氯化铝的质量标准见表 6-8。

表 6-8　　　　　　　　　　　　　聚合氯化铝质量标准

项目 \ 分类	饮 用 水 用				工 业 用			
	液 体		固 体		液 体		固 体	
	一级品	优级品	一级品	优级品	合格品	一级品	合格品	一级品
相对密度（20℃时）	≥1.19	≥1.21	—	—	≥1.18	≥1.19	—	—
氧化铝含量（%）	≥1.0	≥1.2	≥29.0	≥32.0	≥9.0	≥10.0	≥27.0	≥29.0
盐基度（%）	50～85	60～85	50～85	60～85	45～85	50～85	45～85	50～85
水不溶物（%）	≤0.5	≤0.2	≤1.5	≤0.5	≤1.0	≤0.5	≤3.0	≤1.5
pH 值	3.5～5.0				3.5～50			
硫酸根（%）	≤3.5		≤9.8					
氨态氮（%）	≤0.03	≤0.01	≤0.09	≤0.03				
砷（%）	≤0.0005							
锰（%）	≤0.015	≤0.0025	≤0.045	≤0.0075				
六价铬（%）	≤0.0005		≤0.0015					
汞（%）	≤0.00002							
铅（%）	≤0.001		≤0.003					
镉（%）	≤0.002		≤0.0006					

一、相对密度的测定

1. 测定原理

由密度计在被测溶液中达到平衡状态时，所浸没的深度，读出该溶液的相对密度值。

2. 仪器

（1）密度计（婆梅密度计），分度值为 0.001。

（2）量筒。量程为 500mL。

3. 测定步骤

取适量试样，注入 500mL 量筒中，将婆梅密度计缓慢放入量筒，待稳定后读取其数值即为被测溶液密度。

二、氧化铝（Al₂O₃）含量的测定

1. 测定原理

试样中加酸使试样解聚，加入过量的 EDTA 溶液使其与铝及其他金属络合、然后用锌

标准溶液滴定剩余的 EDTA。再加入氟化钾溶液使铝形成［AlF$_6$］$^{3-}$络合铝离子，对应的EDTA 被游离，再用锌标准溶液滴定。第二次所用锌的量与铝物质的量相同。

2. 试剂和仪器

(1) 硝酸。1＋12 溶液，即 1 份硝酸＋12 份高纯水配制而成。

(2) 氟化钾溶液。500g/L 水溶液，贮存于塑料瓶中。

(3) EDTA 溶液。约 0.05mol/L 的溶液。

(4) 乙酸钠缓冲液。称取 272±0.01g 乙酸钠溶于高纯水中，再在溶量瓶中稀释至1000mL。

(5) 锌标准液。c（ZnCl$_2$）＝0.02mol/L。称取 1.3080g 高纯锌，精确至 0.0002g，置于100mL 烧杯中。加入 6～7mL 盐酸及少量水，在水浴上加热溶解，待蒸发到快干涸时，再加水溶解，然后移入 1000mL 溶量瓶中用水稀释至满刻度，摇匀装入瓶中备用。

(6) 二甲酸橙。5g/L 水溶液。

3. 测定方法

准确称用 8.0g 液体试样或 3.0g 固体试样，精确至 0.0002g。加适量水溶解，移入500mL 容量瓶中，用水稀释至满刻度摇匀。用移液管准确吸取 20mL 注入 250mL 锥形瓶中，加硝酸溶液 2mL，在水浴上煮沸 1min，待冷却后加 20mL EDTA 溶液、再用乙酸钠调节使pH＝3～4。再煮沸 2min，冷却后再加 10mL 乙酸钠和 2～3 滴二甲酸橙指示剂，用锌标准液滴定至溶液由淡黄色变为微红色即为终点。

再加入 10mL 氟化钾溶液，加热至微沸，冷却，此时溶液呈黄色；若溶液呈红色，则滴加硝酸溶液至黄色。再用锌标准溶液滴定至溶液由淡黄色变为微红色即为终点。计录消耗数V（mL）。

4. 计算

试样中氧化铝（Al$_2$O$_3$）的百分含量

$$x=\frac{50.98Vc}{m \times \frac{20}{500} \times 1000} \times 100=\frac{127.5Vc}{m} \quad \%$$

式中 c——锌标准液的浓度；

        V——第二次滴定时消耗的锌标准液体积，mL；

50.98——$\frac{1}{2}$Al$_2$O$_3$ 的摩尔浓度，g/moL；

      m——试样质量，g；

  500——试样溶液体积，ml；

   20——移取试样品溶液的体积，ml。

三、盐基度的测定

1. 测定原理

在试样中加入定量盐酸溶液，以氟化钾掩蔽铝离子，用氢氧化钠标准液滴定，试样与盐酸氟化钾产生下列反应

$$［Al_2（OH）_nCl_{6-n}］_m+mnHCl+12mKF \longrightarrow 2mK_3AlF_6+mnH_2O+6mKCl$$

2. 试剂和材料

(1) 盐酸标准溶液。c（HCl）约为 0.5mol/L。

(2) 氢氧化钠标准溶液。c（NaOH）约为 0.5mol/L。

(3) 酚酞指示剂。10g/L 乙醇溶液。

(4) 氟化钾溶液。500g/L 溶液。

称取 500g 氟化钾，以 200mL 纯水溶解，稀释至 1000mL，加入 2mL 酚酞指示剂，并用 NaOH 溶液或 HCl 溶液调节至溶液呈微红色，滤去不溶物后贮存于塑料瓶中备用。

3. 测定方法

(1) 称取约 1.8g 液体或约 0.6g 固体试样，精确至 0.0002g。

(2) 吸取 20mL 水移入 250mL 锥形瓶中。

(3) 用移液管加入 25mL 盐酸溶液，盖上表面皿，在水浴上加热 10min，冷却至室温。

(4) 加入 25mL 氟化钾溶液，摇匀。

(5) 加入 5 滴酚酞指示剂。

(6) 立即用氢氧化钠标准液滴定至溶液呈微红色即为终点。

(7) 同时用纯水做空白试验。

4. 计算

以百分比表示的盐基度 x_2

$$x_2 = \frac{0.01699\,(V-V_0)\,c}{mx_1 \times 100} \times 100 = \frac{169.9\,(V-V_0)\,c}{mx_1} \quad \%$$

式中　V_0——空白试验消耗 NaOH 标准液的体积，mL；

　　　V——测定试样消耗 NaOH 标准液的体积，mL；

　　　c——NaOH 标准液的实际浓度，mol/L；

　　　m——试样质量，g；

　　　x_1——Al_2O_3 含量，%；

0.01699——1mL NaOH 标准液〔c（NaOH）=1.000mol/L〕相当的 Al_2O_2 质量，g。

四、水不溶物的测定

1. 测定方法

(1) 称取 10g 液体试样或 3.0g 固体试样，精确至 0.01g。

(2) 将试样置于 1000mL 烧杯中，加入 500mL 纯水充分搅拌，直至试样完全溶解。

(3) 在布氏漏斗中用恒重的中速滤纸过滤。

(4) 将滤纸连同滤渣置于 100～105℃烘干至恒重。

2. 计算

以质量百分浓度表示的水不溶物含量 x_3 按下式计算

$$x_3 = \frac{m_1 - m_2}{m} \times 100\%$$

式中　m_1——滤纸和滤渣的质量，g；

m_2——滤纸的质量，g；

m——试样的质量，g。

五、pH值的测定

1. 试剂和仪器

(1) pH＝4.00 的苯二甲酸氢钾 pH 标准溶液。

(2) pH＝9.18 的四硼酸钠 pH 标准溶液。

(3) 酸度计，pH 值精度为 0.1。

2. 测定方法

(1) 称取 1.0g 试样，精确至 0.01g，用适量水溶解后稀释至 100mg（在容量瓶中）摇匀。

(2) 先用 pH＝4.0 及 pH＝9.18 的标准液定位。

(3) 测定 pH 值并读数。

第四节 次氯酸钠的检测方法

一、质量标准

次氯酸钠分子式为 NaClO，其制作是用 NaOH 溶液通入氯气而得，是一种浅黄色液体，其质量标准如表 6-9 所示。

表 6-9 次氯酸钠的质量标准

项目　　　　　指标	分 类		
	Ⅰ 型	Ⅱ 型	Ⅲ 型
有效氯含量（以 Cl 计）（%）	13.0	10.0	5.0
游离碱含量（以 NaOH 计）（%）	0.1～1.0		
铁含量（%）	0.10	0.01	0.01

二、有效氯含量的测定

1. 测定原理

在酸性介质中，次氯酸根与碘化钾反应析出碘，以淀粉为指示剂，用硫代硫酸钠滴定至溶液蓝色消失为终点。反应式如下

$$2H^+ + OCl^- + 2I^- \longrightarrow I_2 + Cl^- + H_2O$$

$$I_2 + 2S_2O_3^{2-} \longrightarrow S_4O_6^{2-} + 2I^-$$

2. 试剂

(1) 1∶1 盐酸溶液。

(2) 碘化钾溶液 100g/L。称取 100g 碘化钾溶于水中，在容量瓶中稀释至 1000mL，摇匀贮于瓶中备用。

(3) 硫代硫酸钠标准液。c（$Na_2S_2O_3$）＝0.1mol/L。硫酸钠标准液的配制与标定：

准确称取硫代硫酸钠（$Na_2S_2O_3 \cdot 5H_2O$）25g 溶于煮沸而冷却后的水中，加入 0.1g 碳

酸钠用水稀释至1000mL的容量瓶中，此时溶液浓度为0.1mol/L，放置15d后标定。准确称取于180℃干燥至恒重的基准溴酸钾0.65g，精确至0.2mg，置于烧杯中，用适量水溶解后转入到250mL容量瓶中，稀释至刻度，摇匀，贮于瓶内备用。

用移液管吸取上述溶液25.00mL，置于250mL碘量瓶中，加1.5g碘化钾，沿瓶内壁加入5mL 1∶1的盐酸溶液，立即盖上瓶塞。摇匀后再加入70mL水，用硫代硫酸钠滴定至溶液淡黄色时加入5mL 0.2%淀粉溶液，继续滴定至溶液蓝色突变为无色时即为终点，记录消耗量。

$$c\left(Na_2S_2O_3\right)=\frac{1000m}{27.83V}\times\frac{1}{10}\quad mol/L$$

式中　m——溴酸钾的质量，g；

　　　　V——滴定时消耗的硫代硫酸钠溶液体积，mL；

27.83——$\frac{1}{6}$KBrO$_3$的摩尔质量，g/mol。

（4）淀粉指示剂，10g/L，该溶液在使用前配制。

3. 试样溶液及制备

吸取样品20mL，置于内装20mL水并已准确称至0.01g的100mL烧杯中，再精确称量至0.01g，然后全部移入500mL容量瓶中，用水稀释至刻度，摇匀制备成试样溶液。

4. 测定方法

用移管准确吸取10mL，置于内装50mL纯水的250mL的碘量瓶中，加入4mL盐酸溶液，迅速加入10mL碘化钾溶液，盖紧瓶塞后加水封，于暗处静置5min后，用硫代硫酸钠滴定至溶液呈浅黄色，再加2mL淀粉指示剂溶液继续滴定至溶液蓝色消失即为终点。

5. 计算

以质量百分含量表示的有效氯含量x_1按下式计算

$$x_1=\frac{0.03545cV}{m\times\frac{10}{500}}\times100=\frac{177.25cV}{m}\quad\%$$

式中　c——硫代硫酸钠标准液的实际浓度，mol/L；

　　　　V——硫代硫酸钠滴定的用量，mL；

　　　　m——制备试样溶液时称取的20mL样品的质量，g；

0.03545——与1.000mL硫代硫酸钠标准值，$c\left(Na_2S_2O_3\right)=1.000mol/L$相当的以克表示的有效氯的质量，g。

取两次测定结果的算术平均值为报告结果。

第二篇

炉内水处理及水汽监督

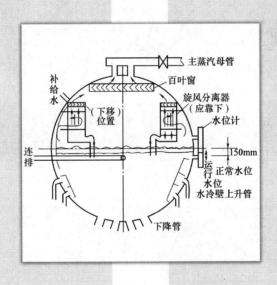

第七章　热力系统腐蚀及防护

火力发电厂炉内化学水处理和水汽监督工作的主要任务就是做好锅炉给水及锅炉炉水的化学处理和热力系统的防腐、防垢工作，并按时化验监测水汽质量，如发现异常及时处理，保证热力设备的安全运行，延长设备使用寿命。

■ 第一节　腐蚀与电化学腐蚀

一、金属的腐蚀

金属的表面与其周围介质，例如水、气体、酸类等，会发生化学或电化学作用而受到破坏的现象称为腐蚀。例如铁锈、铜绿等。

腐蚀分化学腐蚀和电化学腐蚀。

1. 化学腐蚀

金属表面与周围介质直接发生化学反应，使金属受到破坏，但在发生化学反应中没有产生电流，这种腐蚀叫纯化学腐蚀。常发生在非电解质溶液中或在空气、干燥的气体中。

2. 电化学腐蚀

金属与介质发生化学反应时有局部电流产生，这种腐蚀称为电化学腐蚀。例如金属在电解质溶液中发生化学反应会产生电流，人们利用其特点制作干电池等。

在自然界中，金属的腐蚀大部分是电化学腐蚀，一旦腐蚀形成，会使金属腐蚀速度加快。为此，应根据用途采取防腐措施，特别是火力发电厂的热力设备和管道，都必须采取相应措施，避免或减轻设备腐蚀，延长其使用寿命，保证其安全运行。

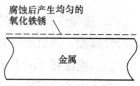

图 7-1　均匀性腐蚀

3. 金属腐蚀的类型

（1）均匀性腐蚀。均匀性腐蚀是指金属表面和腐蚀介质、发生化学反应，使金属表面遭受均匀的破坏（见图 7-1），并被腐蚀产物覆盖，这种现象称均匀性腐蚀。例如，钢材在室外存放或在潮湿的空气中生锈现象。在锅炉、给水、炉水管道内的腐蚀等都属于均匀性腐蚀。

在热力系统中，均匀性腐蚀虽然不会显著缩短设备使用寿命，但腐蚀面积大，腐蚀产物多（铁锈），在锅炉水冷壁管，特别是热负荷高的地方会产生铁垢，并引起炉管的垢下腐蚀和传热，给锅炉的安全运行带来很大隐患。

如果是凝汽器铜管，当受到均匀性腐蚀时，会大大缩短凝汽器的使用寿命。例如，有的电厂在安装时，铜管存放时间长，而又没采取防腐措施，当设备安装投产后只运行半年时间，铜管全部腐蚀穿孔，需要更换。

（2）局部腐蚀　局部腐蚀是指金属表面仅有一小部分受到破坏，但其腐蚀速度快，能在较短的时间内引起金属穿孔或裂纹，危害性极大，在汽包、炉管内发生较多。局部腐蚀的腐蚀类型较多，常见的有如下几种。

1）溃疡性腐蚀。溃疡性腐蚀是最常见的，局部腐蚀主要发生在金属表面的个别点上，如发生在汽包、内壁和炉管内壁，腐蚀一旦形成便逐渐向深处发展。见图7-2。

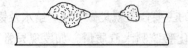 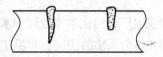

图7-2　溃疡性腐蚀　　　　　　　　　　　　图7-3　点状腐蚀

2）点状腐蚀（又称孔蚀）。点状腐蚀是指在金属表面的某一点上腐蚀成一个小而圆且很深的孔，直径在0.1～2mm之间。它的危害是造成炉管穿孔而泄漏。形状如图7-3所示。

3）晶间腐蚀（又称苛性腐蚀）。晶间腐蚀与其他腐蚀破坏的形式有很大差别，它是在侵蚀性物质（如NaOH）与机械应力的共同作用下，使金属的晶粒之间受到侵蚀，造成金属晶间结合力下降，并沿晶间发生裂纹。如图7-4所示。

4）应力腐蚀（又称疲劳性腐蚀）。应力腐蚀是物体在多次交变应力（如振动或温度变化频繁）与侵蚀性物质（如氧化物）的作用下发生的裂纹损坏，裂纹贯穿受应力体。如图7-5所示，这种腐蚀多发生在弯管及焊口周围。

 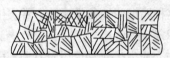

图7-4　晶间腐蚀　　　　　　　　　　　　图7-5　应力腐蚀

5）选择性腐蚀。腐蚀介质与金属内某一化学元素发生电化学反应，使金属受到损坏叫选择性腐蚀。例如黄铜的脱锌腐蚀，合金钢的腐蚀等（不锈钢怕氯离子，如HCl）。

二、腐蚀程度的表示方法

在火力发电厂热力设备的大、小修中，电厂化学工作人员要对设备的腐蚀状况进行检查和评定，以便找出腐蚀原因，采取相应防腐措施，想方设法延长设备的使用寿命。最常用的表示法有如下两种。

1. 质量法

金属的腐蚀速度可以由样品腐蚀后质量减少来评定，计算方法如下

$$g_z = \frac{W_1 - W_2}{At}$$

式中　g_z——由质量减少表示腐蚀速度，$g/(m^2 \cdot h)$；

　　W_1——原样品的质量，g；

　　W_2——样品腐蚀后的质量，g；

　　A——原样品的表面积，m^2；

　　t——腐蚀时间，h。

这种方法也可用来比较各种介质，对金属的侵蚀性。

2. 腐蚀深度法

当两种金属的密度不同时，按质量法计算其腐蚀速度相等，但其腐蚀深度不同，密度大的金属腐蚀深度浅一些。所以，当管材密度不同而壁厚相同时，虽然腐蚀速度（质量减少）相同，但密度大的腐蚀深度浅，使用寿命会长；密度小的使用寿命短。在电力生产上，为了更确切地计算锅炉水冷壁管的使用寿命，最常使用的评定其腐蚀速度的方法是用腐蚀深度法来评定，其单位是 mm/年。腐蚀深度可根据质量腐蚀速度进行换算，其方法如下

$$g_s = \frac{g_z}{\rho} \times \frac{24 \times 365}{1000} = 8.76 \frac{g_z}{\rho}$$

式中 g_s——用深度表示的腐蚀速度，mm/年；

g_z——用质量减少表示的腐蚀速度，g/（$m^2 \cdot h$）；

ρ——金属的密度，g/cm^3。

三、影响腐蚀速度的因素

1. 溶解氧的影响

氧气是一种去极化剂[❶]，会引起金属的腐蚀。在一般状况下，水中溶解氧含量越多，金属的腐蚀越严重。

但在某特定条件下，钢材受溶解氧腐蚀后的产物会在其表面上产生保护膜，从而减缓腐蚀。例如钢材碳化烤兰，铝氧化后产生 Al_2O_3 等都会形成防护膜，但防护膜破坏或去掉后，金属则继续被氧化腐蚀。

2. pH 值的影响

水的 pH 值是影响金属腐蚀速度的一个重要因素，pH 值低则 H^+ 浓度大，H^+ 也是金属的去极化剂，产生的腐蚀称为氧的去极化腐蚀。所以 pH 值越低，金属的腐蚀速度越快，见图 7-6。

由图 7-6 可知：（1）当 pH 值很低时，腐蚀速度随 pH 值的降低而迅速增加。

（2）在水温为 23℃时，pH 值是 4.3 至 8.5，其腐蚀速度基本不变。这是因为此时

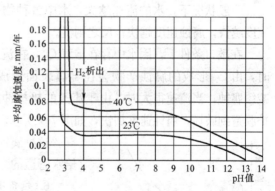

图 7-6 pH 值与腐蚀速度的关系曲线图

发生的主要是 O_2 的去极化腐蚀，此过程中溶解氧的扩散速度较慢，腐蚀速度不受 pH 值的影响。

（3）随着 pH 值的升高，pH>8.5~9 时，腐蚀速迅速下降。这时水中 OH^- 浓度增高，在铁的表面会形成保护膜。所以，锅炉给水必须提高 pH>8.5，以延缓给水系统的腐蚀。

（4）水温提高，腐蚀速度加快。

---

❶ 在电化学腐蚀过程中会产生电流，当电流形成回路时，其电位差会比起码值小得多，这种现象称为金属的极化。

在发生电化学腐蚀的情况下，溶液中必定有接受电子的物质，它在阴极上接受电子，起消除阴极极化的作用，此种现象称为去极化。能够引起去极化作用的物质，叫去极化剂，例如 H^+、O_2、Cu^{2+}、Fe^{3+}、NO_2^- 等。

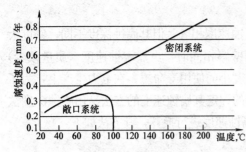

图 7-7 温度对钢在水中腐蚀速度的影响

3. 温度的影响

在一般条件下，温度越高，腐蚀速度越快。这是因为温度升高，水中各种溶质的扩散速度加快，其电解质电阻下降，会加速腐蚀电池的极化过程。温度对金属腐蚀速度的影响如图 7-7 所示。

在敞口系统中，当温度升高到一定温度时，腐蚀速度会下降。这是因为溶解 O_2 及 CO_2 等气体在水中随温度的升高溶解度下降，当升至 100℃ 即达到沸点时，气体在水中的溶解度为零，不存在溶解气体的腐蚀。

当在密闭的系统内，溶解气体不能逸出，仍在水溶液中，腐蚀速度随温度升高而继续加快。所以，锅炉给水必须进行除 O_2 和 CO_2 等气体的步骤才能防止系统的腐蚀。

4. 水中含盐量和成分的影响

水中的含盐量和成分对金属的腐蚀速度的影响是，含盐量越高，腐蚀速度越快；反之则慢，如图 7-8 所示。

当水中含有 CO_3^{2-} 和 PO_4^{3-} 时，能在金属表面生成难溶的碳酸铁和磷酸铁薄膜保护膜；当水中含有 Cl^- 时会破坏其保护膜，使金属继续受到腐蚀而损坏。

5. 水的流速影响

一般状况下，水的流速越大，水中各种物质的扩散速度越快，腐蚀速度越快；反之则慢。

在敞口条件下，因水中存在溶解 O_2，在流速一定大时，由 O_2 形成的腐蚀产物会在金属表面形成保护膜，减缓腐蚀；当流速很大时，由于流速的机械冲刷，使保护膜遭到破坏，腐蚀速度加快，如图 7-9 所示。

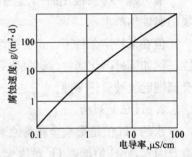

图 7-8 含盐量对腐蚀速度的影响

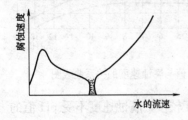

图 7-9 流速对腐蚀速度的影响

这种腐蚀称为机械腐蚀，也叫冲击式腐蚀，特别是在给水管道的弯管处或缩口处容易产生。

6. 热负荷对腐蚀速度的影响

在热负荷高的部位，保护膜容易被破坏，这是热应力造成的（金属的热胀冷缩）；另一方面，金属表面生成蒸汽泡的流动对膜造成机械损伤，特别是金属，随热负荷的增高，其电极电位❶降低。

---

❶ 电极电位：金属由晶粒组成，晶粒由金属正离子和游动的电子组成。当金属浸入水溶液中时，在水分子的作用下，金属正离子和水分子形成水化离子而转入到水溶液中，则有等电量的电子留在金属表面上，使金属带负电荷，水溶液带正电荷。在金属表面和水溶液之间便形成双层，并存在一定的电位差，这种电位差称为该金属在此溶液中的电极电位。

第二节 锅炉给水系统的腐蚀及防护

锅炉给水系统包括凝结水、疏水、化学补给水及锅炉给水管总系统，这些水虽然都很纯净，但还是溶解有微量的 O_2 和 CO 等气体，它们是引起给水系统腐蚀的主要因素。

一、溶解氧腐蚀的防护

1. 氧腐蚀原理

氧的化学性质很活泼，能与许多物质发生化学反应，能和金属铁形成两个电极组成腐蚀电池，并且铁是阴极，其电极电位比阳极氧的电极电位高，在反应中，铁被氧化遭到腐蚀，氧被还原。这种现象称为氧的去极化腐蚀，也叫氧腐蚀。反应方程式如下

$$Fe \longrightarrow Fe^{2+} + 2e$$

$$O_2 + 2H_2O + 4e \longrightarrow 4OH^-$$

铁被氧腐蚀产生 Fe^{2+}，在水溶液中继续进行反应为

$$Fe^{2+} + 2OH^- \longrightarrow Fe(OH)_2 （黄色）$$

$$2Fe(OH)_2 \longrightarrow Fe_2O_3 + H_2O + H_2 \uparrow$$

此 $Fe(OH)_2$ 不稳定，进一步与 O_2 反应

$$4Fe(OH)_2 + 2H_2O + O_2 \longrightarrow 4Fe(OH)_3 （砖红色）$$

$$2Fe(OH)_3 + Fe(OH)_2 \longrightarrow Fe_3O_4 （黑色） + 4H_2O$$

反应生成的物质主要是 Fe_2O_3 和 Fe_3O_4，称为腐蚀产物，也叫铁锈。

2. 腐蚀特征

当金属铁受到氧腐蚀后，在其表面形成许多小鼓包，如图 7-10 所示。鼓包直径有 1mm 到几十毫米不等，其表面颜色一般呈砖红色（Fe_2O_3），次一层是黑色粉状物（Fe_3O_4）。清除这些产物后就是金属被腐蚀的坑或点。这种腐蚀叫溃疡性腐蚀。

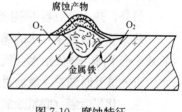

图 7-10 腐蚀特征

3. 腐蚀的部位

（1）省煤器。因省煤器温度较高，在给水中只要有微量的溶解氧就会发生氧腐蚀，特别是在其进口部位。

（2）凝结水管道。因凝结水含盐量低，虽然有微量氧但管道负压运行，氧会被抽气器抽走。一般氧含量不超过 $50\mu g/L$ 不会造成腐蚀。但当凝汽器铜管泄漏时，凝结水中含盐量和溶解氧会迅速增大，如果措施不当，会造成凝结水系统的腐蚀。

（3）疏水及化学补给水系统。疏水箱和除盐水箱都是连通大气的，水中溶解氧含量很

高，所以系统腐蚀严重。

4. 防止方法

在电力系统中，防止给水系统腐蚀的方法，通常都是用热力除氧法和联氨化学辅助除氧。对中温中压及以下的锅炉只采用热力除氧就可达到给水标准。

二、热力除氧

1. 热力除氧器的构造

热力除氧器又分喷雾式和淋水盘式两种，大多采用淋水盘式，其结构如图 7-11 所示。

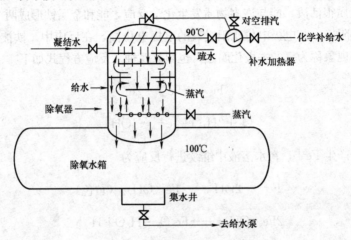

图 7-11　淋水盘式热力除氧器

2. 热力除氧器的工作原理

热力除氧器的工作原理是根据亨利定律即气体溶解定律而进行工作的。任何气体在水中的溶解度与该气体在气水界面上的分压成正比，与水的温度成反比，当水温升至沸点（100℃）时，气体的分压都为零，各种气体都不溶解于水中。这样水中逸出的气体便随蒸汽一并排入大气。

另外，热力除氧器不但除氧，还可除去水中的 CO_2。

热力除氧过程是在水的沸点下进行的，所以必须将水加热至沸点。如果达不到沸点，除氧效果会下降，造成给水含氧量不合格。所以，化学工作人员，应根据化验结果及时通知给水值班人员及时调整除氧器进汽量，或根据在线溶解氧表的显示值及时调节。

三、化学除氧（联氨除氧）

在高温高压电厂，为了彻底消除给水系统的氧腐蚀，给水经过热力除氧后再进行给水化学除氧——联氨辅助除氧。

1. 联氨的性质

联氨（N_2H_4）又叫肼，在常温下是一种无色液体，易挥发并有氨的气味，有毒、易燃，当空气中 N_2H_4 浓度达到 4.7％时（按空气体积计算）遇火会发生爆炸。联氨沸点为 113.5℃，凝固点为 −1.40℃以下，密度为 1.004g/mL。

联氨吸水性很强，易溶于水和乙醇，遇水会结合成水合联氨（N_2H_4、H_2O）。水合联氨也是无色液体，沸点为 119.5℃，凝固点为 −40℃以下，在水中浓度不大于 40％时挥发量很小。

空气中有联氨时，对人的呼吸系统及皮肤有侵害作用，所以空气中的联氨量不能大于 1mg/L。

市场上出售的联氨一般是 40％的水合联氨。

2. 联氨除氧原理

联氨是一种还原剂，可将水中的溶解氧还原，反应如下

$$N_2H_4+O_2 = N_2+2H_2O$$

氮气对金属没有腐蚀作用。

3. 联氨除氧使用的条件

温度为 200℃左右，pH＝9～11，适当过量。

4. 其他作用

(1) 联氨在高温（＞200℃）环境下可将 Fe_2O_3 还原成 FeO 或 Fe，反应如下

$$6Fe_2O_3+N_2H_4 \longrightarrow 4Fe_3O_4+N_2\uparrow+2H_2O$$

$$2Fe_3O_4+N_2H_4 \longrightarrow 6FeO+N_2\uparrow+2H_2O$$

$$2FeO+N_2H_4 \longrightarrow 2Fe+N_2+2H_2O$$

(2) 联氨还可以将 CuO 还原成 Cu_2O 和 Cu。

由联氨的化学性质可知，联氨可以用来防止高温高压锅炉的铁垢和铜垢的生成。

5. 联氨的加药量

一般控制在 20～50μg/L。

6. 联氨的加药方法

一般将 40％的水含联氨配成 0.1％的稀溶液，用加药泵送到给水泵入口；也可与氨水混合后，用加氨泵一块送入给水泵入口。

四、亚硫酸钠除氧 (中、低压锅炉)

1. 亚硫酸钠的性质

亚硫酸钠（Na_2SO_3）是白色或无色结晶固体，密度为 $1.56g/cm^3$，易溶于水，是一种还原剂。

2. 除氧原理

亚硫酸钠与水中的溶解氧作用生成硫酸钠，反应如下

$$2Na_2SO_3+O_2 \longrightarrow 2Na_2SO_4$$

3. 使用条件

用亚硫酸钠除氧时必须有一定的温度和过剩量及足够的反应时间。（因为 Na_2SO_3 与 O_2 的反应缓慢）。水温度在 40℃以下时，反应需要 5～6min；60℃时需要 2.5min；80℃时反应时间不超过 2min。

Na_2SO_3 过剩量在 25％时，温度为 40℃，反应需要 2.5～3min；60℃时不到 2min；80℃时不到 1min。

4. 加药方法

可将 Na_2SO_3 配成 $2\%\sim5\%$ 的溶液，用加药泵送入给水泵入口。

五、二氧化碳的腐蚀及防护

1. 二氧化碳腐蚀原理

当水中有游离 CO_2 时，水呈酸性，反应如下

$$CO_2 + H_2O \longrightarrow H^+ + HCO_3^-$$

$$Fe + 2HCO_3^- \longrightarrow Fe(HCO_3)_2$$

由反应式可以看出 CO_2 对金属铁有腐蚀作用，这种腐蚀称二氧化碳腐蚀。

二氧化碳的水溶液呈酸性，在纯水中会显著降低水的 pH 值，例如当纯水中含有 1mg/L 的 CO_2 时，水的 pH 值可从 7.0 降至 5.5。

CO_2 的腐蚀受温度的影响很大，温度升高时，碳酸的电离度增大，会加速腐蚀。

2. CO_2 腐蚀特征

CO_2 腐蚀金属后的产物都是易溶的，在金属表面不形成保护膜，因而随给水带入锅炉内，会促进炉内铁垢的生成和腐蚀的发生。这种腐蚀虽然不能很快引起金属的损伤，但会使管壁均匀变薄。

3. 腐蚀部位

热力系统中的 CO_2 主要来自化学补给水、疏水及凝汽器泄漏时的凝结水，大都经除氧器去除，但水中的 HCO_3^- 只分解部分，大部分是以碳酸根和重碳酸根形式进入锅炉内，然后会全部分解放出 CO_2，反应如下

$$2HCO_3^- \longrightarrow CO_2\uparrow + H_2O + CO_3^{2-}$$

$$CO_3^{2-} + H_2O \longrightarrow CO_2\uparrow + 2OH^-$$

生成的 CO_2 被蒸汽带出锅炉，经主蒸汽管进入汽轮机，经凝汽器后一部分 CO_2 会进入凝结水。由此可见，二氧化碳的腐蚀主要通过湿蒸汽时凝结水设备和管道进行。

另外，在高、低压加热器的疏水中 CO_2 含量也较高，管道腐蚀也比较严重，还有抽汽器的疏水和热网管道也会发生 CO_2 腐蚀。

4. CO_2 腐蚀的防护

(1) 给水加氨处理原理。氨溶于水称为氨水，是碱性反应

$$NH_3 + H_2O \longrightarrow NH_4OH$$

NH_4OH 与水中的 CO_2 反应，生成重碳酸铵，反应如下

$$NH_4OH + CO_2 \longrightarrow NH_4HCO_3$$

当给水中的氨过量时，生成的 NH_4HCO_3 会继续与 NH_4OH 反应生成碳酸铵，反应如下：

$$NH_4HCO_3 + NH_4OH \longrightarrow (NH_4)_2CO_3 + H_2O$$

由于氨水可中和 CO_2 和其他酸性物质，所以能提高给水的 pH 值。通过加氨处理，可将给水的 pH 值提高至 $8.5\sim9.2$ 的范围，这样便消除了水中游离的 CO_2，达到了防腐的效果。

$$NH_4OH+H_2CO_3 \longrightarrow NH_4HCO_3+H_2O \quad pH=7.9$$

$$NH_4OH+NH_4HCO_3 \longrightarrow (NH_4)_2CO_3+H_2O \quad pH=9.6$$

（2）加氨的方法。

由于 NH_3 是挥发性物质，所以不论加在热力系统中的哪个部位，都可使整个汽水系统含有 NH_3。加氨通常加在化学补给水或锅炉给水管道中。

加药方法是，一般将氨水先配成 1‰～5‰ 的稀溶液，用加药泵或喷射器加入到给水泵入口或除盐水泵入口，维持给水 pH 值在 8.5～9.2。

注意，当进行给水加氨处理时，凝结水中的氨含量应控制在 1～2mg/L，氧含量应小于 0.05mg/L。

第三节 锅炉及水汽系统的腐蚀及防护

在锅炉内，水汽系统的温度较高，压力较大，水冷壁管上承受着高温并存在着应力，炉水在高浓缩的情况下会产生附着物，促进金属的腐蚀，严重时还会造成爆管，给锅炉的安全运行带来很大危害。所以，化学工作人员必须认真监测，及时采取相应措施减轻锅炉及水汽系统的腐蚀。

一、氧腐蚀

1. 给水含氧量

在正常状况下，锅炉的水汽系统一般不会发生氧腐蚀。除氧器运行不正常时或在安装过程中无防护措施，都会发生氧腐蚀。为此，运行人员必须加强给水溶解氧的监测，及时通知给水操作人员进行调整，保证给水溶解氧在标准范围内。

2. 在锅炉安装期间，必须采取相应的防护措施，避免潮湿的空气介入管道内壁而发生氧腐蚀。

3. 锅炉在停用期间，必须进行防护措施，避免空气进入水汽系统造成氧腐蚀。

二、沉积物下腐蚀

当锅炉水汽系统内金属表面附着有水垢和水渣时，在其下面会发生严重的腐蚀，称为沉积物下腐蚀。

1. 沉积物下腐蚀原因

在正常运行条件下，水汽系统金属内表面覆盖着一层 Fe_3O_4 保护膜，这是金属在高温下形成的。反应如下

$$3Fe+4H_2O \xrightarrow{>300℃} Fe_3O_4+4H_2\uparrow$$

当炉水 pH<8 时，因 H^+ 的溶解作用，而且反应产物是可溶性的，所以破坏了 Fe_3O_4 保护膜，加速腐蚀。

当炉水 pH>13 时，金属表面的 Fe_3O_4 保护膜也会遭到破坏而使腐蚀速度加快，反应如下

$$Fe_3O_4+4NaOH \longrightarrow 2NaFeO_2+Na_2FeO_2+2H_2O$$

$$Fe + 2NaOH \longrightarrow Na_2FeO_2 + H_2$$

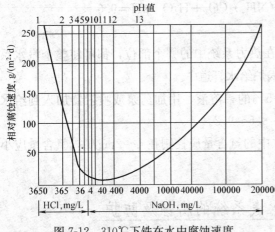

图 7-12 310℃下铁在水中腐蚀速度
与水 pH 值的关系曲线

反应产物亚铁酸钠在高 pH 值下是可溶性的，随着 pH 值的升高，腐蚀速度加快。所以将锅炉的正常炉水 pH 值控制在 9～11 之间就不会发生腐蚀，可从图 7-12 曲线中看出。

2. 沉积物下腐蚀（也叫垢下腐蚀）

当化学补给水不合格或凝汽器泄漏时，会将 $CaCl_2$、$MgCl_2$ 带入锅炉内，因补给水浓缩，若炉水控制不当会造成炉水含盐量过高（导电率超标），便会在水冷壁上产生水垢等附着物，在附着物下会发生如下反应

$$MgCl_2 + 2H_2O \longrightarrow Mg(OH)_2 \downarrow + 2HCl$$
$$CaCl_2 + 2H_2O \longrightarrow Ca(OH)_2 \downarrow + 2HCl$$

反应生成的 HCl 是强酸，会在附着物下积累高 H^+ 浓度，使金属产生酸性腐蚀；又由于酸性腐蚀会产生 $H_2 \uparrow$，附着物覆盖 H_2 只能扩散到金属内部，和碳钢中的碳化铁发生如下反应

$$Fe_3C + 2H_2 \longrightarrow 3Fe + CH_4 \uparrow$$

碳钢脱碳，金相组织遭破坏，并且 CH_2 在金属内部产生压力，使碳钢产生裂纹，金属变脆。这种最终使金属变脆的腐蚀叫苛性脆化，又叫脆性腐蚀，这种腐蚀一旦形成，腐蚀便很严重，虽然管壁没有变薄，但也会造成爆管。

3. 防护方法

（1）提高化学补给水质量，减少盐类进入。

（2）加强除氧和除 CO_2 措施，严格控制给水 pH 值。

（3）加强疏水箱疏水监督，若超标则应排放，严禁不合格的疏水进入系统。

（4）严格凝结水监督，防止凝汽器泄漏、循环水进入。

（5）严格控制炉水含盐量（电导率）和碱度，保证锅炉在标准状态下运行。

（6）保证锅炉正常运行，尽量避免负荷过大或波动。

（7）新安装锅炉必须进行化学清洗。

（8）锅炉在启动、停止时，应严格控制炉水，及时排污。

（9）锅炉运行一定时间要定期进行清洗。

（10）锅炉停运期间必须采取防腐措施。

三、水汽系统的腐蚀

1. 腐蚀原理

碳钢在高温下会和水发生化学反应，当过热器温度为 450℃时，其管壁温度能达到 500℃。在 450～570℃时，铁与水会发生如下反应

$$3Fe + 4H_2O \longrightarrow Fe_3O_4 + 4H_2 \uparrow$$

当温度超过 570℃ 时，反应生成物为 Fe_2O_3，如下

$$Fe + H_2O \longrightarrow FeO + H_2 \uparrow$$

$$2FeO + H_2O \longrightarrow Fe_2O_3 + H_2 \uparrow$$

这两种反应都属于化学腐蚀，它可使管壁均匀变薄，属于均匀性腐蚀，所以，过热蒸汽管道、汽轮机叶片等处多附着氧化铁锈；带入锅炉的，还会在炉内生成铁垢。

2. 主要发生的部位

汽水停滞处，减温减压器和过热器中。

3. 防止方法

(1) 减少管道的倾斜度，或采用特种钢材。

(2) 保证给水 pH 值，彻底清除 CO_2 和 O_2。

第八章　锅炉及热力设备结垢及积盐

第一节　锅炉的结垢及防护

一、水垢

在锅炉给水中，其中化学补给水虽然经过了一系列的处理，但还存有微量盐分；在凝结水中，由于蒸汽携带和管道腐蚀，也存在有少量盐类和铁锈；凝汽器泄漏，给水泵密封不严会带入盐类，在疏水中也存在少量盐分和铜铁；在锅炉运行中经过蒸发、浓缩后，在高温高压的情况下，使盐类溶解度下降，某些盐类会发生化学反应，有些盐类过饱和，于是在炉内结晶析出，在水冷壁管的受热面上黏结，并因受热继续进行化学反应，形成牢固的覆盖层，这种现象叫锅炉结垢。

1. 水垢的形成

盐类受热蒸发、浓缩，并发生化学反应析出而结晶的过程的化学方程式如下

$$Ca(HCO_3)_2 \xrightarrow{\text{热分解}} CaCO_3 \downarrow + H_2O + CO_2 \uparrow$$

$$Mg(HCO_3)_2 \xrightarrow{\text{热分解}} Mg(OH)_2 \downarrow + 2CO_2 \uparrow$$

析出的 $CaCO_3$ 等盐类会黏附在受热面上而形成坚硬的水垢。

2. 水垢的化学成分

在锅炉内形成的水垢一般比较复杂，并不是一种单一的化合物，而是由许多化合物组成的混合物。下面是某一高压锅炉的水垢分析结果，按质量百分数。

铁铝氧化物（R_2O_3）：63.5%～78%　　　　　Fe_2O_3：54%～76%

Al_2O_3：9.7%～2.5%　　　　　　　　　　　CuO：17.3%～8.4%

MgO：8.8%～13%　　　　　　　　　　　　Na^+：2%～2.5%

SiO_2：0.09%～0.14%　　　　　　　　　　P_2O_5：8%～3%

3. 水垢的分类

水垢的分类是以其主要成分为主，可分为钙镁水垢、硅酸盐水垢、氧化铁垢、铜垢、磷酸盐铁垢等。

4. 水垢的物理性质

（1）硬度。即水垢的坚硬程度用来判断是否能用机械方法清除掉。

（2）孔隙度。指水垢中的孔隙占水垢体积的百分数，孔隙度大的水垢导热性差。

（3）导热性。水垢的导热性很差，但因其组成不同，孔隙度不一，其导热性都不一样。各种物质的导热系数比较如表8-1所示。

物质	导热系数	物质	导热系数	物质	导热系数
钢铁	46.4~69.6	氧化铁垢	0.116~0.232	钙镁垢	0.58~0.696
硅酸盐垢	0.058~0.232	硫酸盐垢	0.29~0.58		

表 8-1 　　　　　　　　　　几种物质的导热系数比较　　　　　　　　W/（m·K）

水垢厚度 0.1mm，可使水冷壁管温度升高 90℃。2 号碳钢（优质低碳钢）极限温度小于 450℃，超过 780℃呈软化状。

5. 水垢的危害

（1）水垢传热不良会使水冷壁管温度升高，当温度超过钢管所承受的温度时，就会因压力作用而鼓包造成爆管。

（2）管壁一旦结垢，会引起垢下腐蚀，并且腐蚀速度加快。

（3）当水冷壁管内结有较厚的水垢时，可使水的流通面积减小，阻力增大，影响水的正常热循环。因为通水量减少，热量不能及时带走，严重时会造成爆管。

（4）水冷壁管结垢后，其传热效率降低，会增大煤耗，使电厂成本增加。

（5）水冷壁管结垢后，必须停炉进行化学清洗，使锅炉检修费用增大，造成浪费。

二、水渣

1. 水渣的形成

炉水经过蒸发、浓缩后，水析出盐类，一部分可能生成水垢，另一部分因与其他盐类反应，如炉内加磷酸盐，Ca、Mg 离子可与磷酸生成磷酸镁〔$Mg_3(PO_4)_2$〕、碱式磷酸钙〔$Ca_{10}(OH)_2(PO_4)_6$〕、蛇纹石（$3MgO·2SiO_2·2H_2O$）等，这些盐类都是松软的水渣，不易生成水垢，可随排污排掉。

2. 水渣的分类

（1）不易黏附的水渣。这类水渣较松软，易悬浮，可随排污排掉。例如碱式磷酸钙〔$Ca_{10}(OH)_2(PO_4)_6$〕（灰石）和蛇纹石（$3MgO·2SiO_2·2H_2O$）等。

（2）易黏附的水渣。这类水渣易在水流缓慢或停滞的地方沉积，经高温烘焙后转化成水垢，这种水垢也叫二次水垢。例如 $Mg_3(PO_4)_2$、$Mg(OH)_2$ 等。

3. 水渣的危害

（1）炉水中水渣太多会影响蒸汽品质，易加大蒸汽携带，甚至造成汽水共腾，恶化水循环。

（2）水渣过多易堵塞下降管，造成爆管事故。

（3）易产生二次水垢，造成腐蚀。

4. 防止方法

加强锅炉排污和化学监督。

三、**防止结垢的方法**

（1）保证化学补给水质量。

（2）严防凝汽器泄漏，一旦泄漏及时消除。

（3）加强疏水监督，严禁将不合格的疏水送入锅炉。

（4）加强溶解氧监督，减少系统腐蚀。

（5）加强给水加氨处理，彻底清除 CO_2，并保证给水 pH 值在范围内。

（6）严格控制炉水含盐量，及时排污调整。

（7）应尽量避免锅炉负荷波动过大，保证蒸汽质量。

（8）加强锅炉启动时的炉水监督，保证炉水品质。

（9）采取磷酸盐处理，并控制炉水 PO_4^{3-} 含量，严禁超标。

四、炉水磷酸盐处理

为了防止锅炉结垢，除要保证给水质量外，还需向锅炉内投加某种化学药品防止水垢的生成，在电力系统，通常采用磷酸盐处理法。

1. 磷酸盐处理原理

向锅炉内投加一定量的磷酸盐，它与炉水中的 Ca、Mg 离子生成难溶的化合物，它是一种松软的水渣，易随锅炉排污排掉，且不会黏附在受热面上形成二次水垢。其反应如下

$$10Ca^{2+} + 6PO_4^{3-} + 2OH^- \longrightarrow Ca_{10}(OH)_2(PO_4)_6$$

炉水中少量镁离子与硅酸根生成蛇纹石，反应如下

$$3Mg^{2+} + 2SiO_3^{2-} + 2OH^- + H_2O \longrightarrow 3MgO \cdot 2SiO_2 \cdot 2H_2O \downarrow$$

炉水中 PO_4^{3-} 为 5mg/L 时，其 pH 值为 9.65；15mg/L 时，pH=10.2。

炉水中维持一定量的磷酸根便可以使炉水中钙离子浓度非常小，这样便不能与炉水中的硫酸根、硅酸根形成硫酸盐垢和硅酸盐垢。常用的磷酸盐为 $Na_3PO_4 \cdot 12H_2O$。

2. 炉水中磷酸根控制标准

为了达到防止锅炉结垢的目的，必须在炉水中维持一定的磷酸根含量。锅炉压力小于 5.8MPa 的，炉水中磷酸根维持在 5～15mg/L；锅炉压力为 5.9～16.7MPa 的，炉水中磷酸根维持在 2～10mg/L。

磷酸根含量不能过高，否则会造成下列不良后果：

（1）增加炉水含盐量，影响蒸汽品质。

（2）有生成 $Mg_3(PO_4)_2$ 的可能，它可黏附在水冷壁管上形成二次水垢，是一种导热性很差的软水垢。

（3）若炉水含铁量大时会生成磷酸盐铁垢，反应如下。

$$3Fe^{2+} + 2PO_4^{3-} \longrightarrow Fe_3(PO_4)_2 \downarrow$$

（4）容易在高温高压锅炉内发生 Na_3PO_4 的隐藏现象。

3. 加药方法

先在溶解箱内配成 1%～5% 的稀溶液，经过滤后加入计量箱，通过加药泵注入到锅炉汽包给水入口处。

4. 磷酸盐处理时应注意的事项

（1）给水的残余硬度应小于 $5\mu g/L$，低压锅炉应小于 $35\mu g/L$。

（2）要维持炉水磷酸根一定的过剩量，加药应均匀，速度不能太快，原液浓度不大于 5%。

（3）及时排除生成的水渣，加强定期排污。

（4）对于已结垢的锅炉，必须把水垢清洗掉。

（5）使用药品应纯净，不溶性残渣含量不超过 0.5%。

（6）如果药品不纯，可造成炉水，给水指标都不合格，电导率太高，约为 1000～2000μS/cm。

5. 协调磷酸盐处理

协调磷酸盐处理是向炉内添加酸式磷酸盐，即磷酸氢二钠（Na_2HPO_4），使炉水既能维持一定的 PO_4^{3-} 浓度，又能消除游离的 NaOH，防止苛性腐蚀。

为此 Na^+ 交换的软化水作补给水时，给水中含有碳酸钠、重碳酸钠以及微量的碳酸钙硬度，这些盐类进入锅炉后会发生下列反应：

（1）碳酸盐分解。

$$Na_2CO_3 + H_2O \longrightarrow 2NaOH + CO_2 \uparrow$$

$$NaHCO_3 \longrightarrow NaOH + CO_2 \uparrow$$

（2）碳酸盐硬度和磷酸盐作用。

$$3Ca(HCO_3)_2 + 2Na_3PO_4 \longrightarrow 6NaOH + Ca_3(PO_4)_2 + 6CO_2 \uparrow$$

（3）当采用一级除盐水作补给水时，因阳床漏 Na^+，在阴床内会发生如下反应：

$$Na^+ + OH^- \longrightarrow NaOH$$

上述化学反应造成炉水 NaOH 含量过高，会发生苛性腐蚀，所以，适当进行协调处理是必要的。向炉水中添加酸式磷酸盐 Na_2HPO_4 或 NaH_2PO_4，消除炉水 NaOH，减轻腐蚀。反应如下：

$$Na_2HPO_4 + NaOH \longrightarrow Na_3PO_4 + H_2O$$

$$NaH_2PO_4 + 2NaOH \longrightarrow Na_3PO_4 + 2H_2O$$

注意：采用协调磷酸盐处理时，炉水的 pH 值比一般采用 Na_3PO_4 处理时要低，所以炉水中溶解的铁离子较多，此时炉水中 PO_4^{3-} 又比较大，容易产生磷酸盐铁垢。

当炉水中 NaOH 高时，说明用 $NaHPO_4$ 多，使炉水电导率升高，影响蒸汽品质，应尽量不采用 $NaHPO_4$。

6. 易溶盐隐藏现象

有的汽包锅炉在运行出现负荷增高时，炉水中 Na_2SO_4、Na_2SiO_3 和 Na_3PO_4 的浓度明显降低；而当负荷降低时，这些盐类又重新增高。这种现象称为盐类"隐藏"现象，也叫盐类暂时消失现象。

这种现象的实质是，负荷增高时，某些盐类一部分从炉水中析出，沉积在水冷壁管上；当负荷降低时，炉管内又恢复汽泡状沸腾，炉水冲刷冲刷又使附着在管壁上的易溶盐（Na_3PO_4）重新溶于炉水中，使炉水含盐量升高，磷酸根增大。

易溶盐隐藏现象的危害：

（1）能与炉管上的其他附着物发生反应，变成难溶的水垢。

（2）能在管壁上引起沉积物下腐蚀。

（3）因其传热不良，可导致炉管超温以致爆管。

易溶盐隐藏现象的防止方法：

(1) 改善燃烧状况，避免水冷壁管局部过热。

(2) 可向炉水中添加钾盐，消除盐类暂时消失现象，$\dfrac{K}{Na} \geqslant 8$

判断方法是，若 $\dfrac{炉水\ SiO_2}{给水\ SiO_2} \leqslant \dfrac{炉水\ Cl^-}{给水\ Cl^-}$，则表明炉水中没有易溶盐隐藏现象；若 $\dfrac{炉水\ SiO_2}{给水\ SiO_2} > \dfrac{炉水\ Cl^-}{给水\ Cl^-}$，则表明炉水中可能有易溶盐隐藏现象。

五、锅炉排污

1. 锅炉排污必要性

随着锅炉的连续运行，炉水中的杂质因不断蒸发、浓缩，当炉水含盐量达到极限值时就会使炉水恶化，造成蒸汽品质不合格和汽包内汽水共腾，危及锅炉的安全运行。所以，必须进行锅炉的排污工作，维持炉水在允许的品质范围内。

为了使炉水的含盐量和含硅量维持在极限允许值以下，以及排除炉水中的悬浮物和炉渣，在锅炉运行中必须经常排掉一部分炉水并补充相同量的给水，这个过程叫锅炉排污。

2. 排污方式

(1) 连续排污。如图 8-1 所示。连续排污是在汽包内水面以下 200~300mm 处，沿汽包水平方向装一直径为 28~60mm 的直管，上面钻有上直径为 5~10mm 的小孔并引出汽包。在汽包处装上一次门，运行操作用的一次门和二次门安装在锅炉运行层，以便运行人员操作。操作时一次门常开，二次门作为调节用。

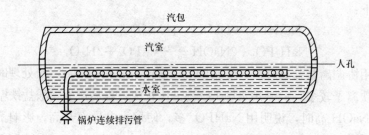

图 8-1 连续排污

连续排污的目的主要是从汽包内将炉水上部悬浮物和悬浮水渣（且此处因蒸发，炉水含硅量也较高）连续不断地排出炉外，并用它来控制炉水含盐量（电导率）。中温、中压汽包锅炉炉水电导率控制在 $300\mu S/cm$ 左右（最好经过热力化学试验确定）。

(2) 定期排污。从锅炉水冷壁管下联箱定期排掉部分炉水叫定期排污。其主要目的是，锅炉炉水在蒸发、浓缩过程中产生的水渣，炉内磷酸盐处理产生的碱式磷酸钙等水渣排掉。另外，定期排污也可迅速降低因连续排污不足而引起的炉水高含盐量。

定期排污应一个阀门、一个阀门逐次排放，禁止几个阀门同时排污，每次排污的时间不得超过 30s。间隔时间应根据炉水水质和锅炉负荷而定，一般 24h 定排一次。化学人员应监督并做好记录。

定期排污最好在锅炉低负荷时进行，因为此时炉水循环慢，水渣下沉快，排放效果好。但一般要求每天白班 8 点半至 9 点进行排污（定期排污），操作由锅炉运行人员负责，化学人员监督，并记录每个阀门的排污时间和操作人员姓名。

对刚启动和新安装的锅炉，为了让炉水尽快达到标准，可不定期增加定排排污次数，使其尽快达到炉水水质标准。

（3）锅炉排污率计算

$$P = \frac{Sg}{S_L - Sg} \times 100\%$$

式中　　P——锅炉排污率，%；

　　　　S_g——给水电导率，$\mu S/cm$；

　　　　S_L——炉水电导率，$\mu S/cm$。

或用给水 Cl^- 和炉水 Cl^- 计算。

3．锅炉汽包内部装置

为了获得纯净的饱和蒸汽，汽包内部都装有汽水分离装置，以中温、中压、锅炉为例，如图8-2所示。高温、高压锅炉汽包的汽水分离装置更复杂和精密。

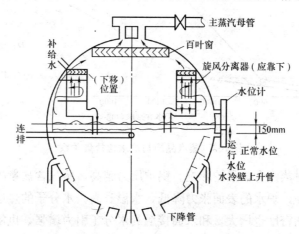

图8-2　中温、中压、锅炉汽包内部结构图

正常运行水位线是汽包中心线下 150mm 处，允许波动 $\pm 50mm$。当炉水膨胀时会超过汽包中心线，造成蒸汽品质严重不合格。

■ 第二节　蒸汽污染、积盐及防护

锅炉炉水在蒸发过程中，水蒸气总会带有少量炉水，炉水经浓缩后含盐量不断增加，炉水中的杂质会随蒸汽带入系统，造成蒸汽污染。含盐蒸汽在过热器、汽轮机设备中，会随工况变化而发生沉积，称为积盐，其主要成分为钠盐和铁盐。

一、锅炉蒸汽的污染

1．饱和蒸汽污染

火力发电厂汽包锅炉产出的饱和蒸汽，经高、低温过热器和减温减压器变成过热蒸汽后送往汽轮机做功。过热蒸汽品质的优劣决定于饱和蒸汽的品质，而影响饱和蒸汽品质的主要原因是蒸汽携带。

炉水在蒸发过程中，汽水混合物（蒸汽泡）经过汽水分界线进入汽包的汽空间时蒸汽泡水膜破裂，会溅出水滴，直径大的水滴因自然重力作用而下降重新进入炉水，直径小的水滴因汽流的冲击会随饱和蒸汽带出汽包，此过程称为蒸汽携带，也称机械携带。

压力小于2.5MPa的低压锅炉蒸汽含盐主要是由于机械携带；压力大于2.5MPa的锅炉蒸汽含盐量是溶解携带（SiO_2）和机械携带共同造成的；压力大于5.9MPa的锅炉主要发生溶解携带。

2. 饱和蒸汽污染的影响因素

（1）炉水含盐量。锅炉正常运行时，炉水维持一定的含盐量（不大于控制标准），饱和蒸汽携带微量，品质合格；当炉水控制不当时，含盐量会超标，或负荷波动太大，炉水黏度增大，汽水分离慢，造成蒸汽携带增加，品质下降。

蒸汽品质与炉水含盐量关系如图8-3所示。

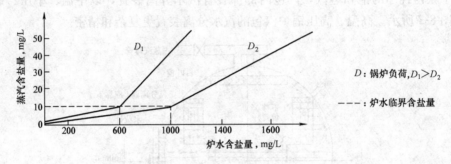

图 8-3 蒸汽品质与炉水含盐量关系

（2）锅炉压力对蒸汽含盐量的影响。锅炉压力越高，蒸汽含盐量越多。

锅炉的压力增高，炉水的表面张力降低，水温升高，水分子的热运动加强。另外，锅炉压力增高，蒸汽的密度也增大，和水面接触的水分子引力增强，也使汽流运载水滴的能力增强。所以饱和蒸汽含盐量增多。

（3）与汽包直径和内部汽水分离装置的结构有关。汽包直径大，上部汽空间大，有利于汽水分离；反之则对汽水分离不利。内部装置不同，饱和蒸汽的带水量也不同。

（4）与汽包的水位有关。汽包水位越高，汽水分离越差，蒸汽带水量越大；反之则汽水分离越好，蒸汽带水量越小。

汽包的水位是以水位计的示值进行控制的，水位计的示值要比汽包内的真实水位偏低，其原因是：

1）在汽包水面处有大量的汽水混合物，越接近水面，汽泡越多，而真正的水位是偏下的。

2）水位计的水因受大汽冷却，温度较低，炉水中的汽泡都已凝结成水，水位计的水位比汽包内水位偏低。

3）汽包内的水汽分界面不仅比液位计高，而且是强烈波动着的，即沸腾状态，不像水位计内的水面是平稳的。

4）锅炉汽包都是圆形卧式，在汽包水位线的汽包壁上，上部汽空间比水位线中心处小得多，蒸汽流速大，水滴还未及下落到炉水中便随饱和蒸汽流带走。

（5）与锅炉的负荷有关。锅炉负荷增大时，汽水混合物的动能增大，因机械撞击，水滴使汽包内蒸汽量增多，流速加快。另外锅炉负荷增大还会加剧水位膨胀，使汽包内汽空间减小，造成汽水自然分离不利，造成饱和蒸汽品质恶化。

负荷增大，汽包水位变化状况如图 8-4 所示。

（6）与炉水中悬浮杂质有关。当炉水中含有油脂、有机物胶体或炉内加药药品不纯时，都会使其悬浮杂质含量增多，易形成泡沫层，阻碍汽水分离。另外这些悬浮物会使汽室空间减小，泡沫被蒸汽直接带走并大量带水，恶化蒸汽品质。

所以，锅炉汽包水位的控制应以汽包中心线以下 100mm 处视为中心水位较为合理。

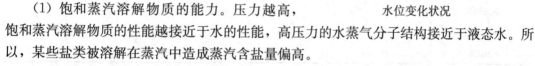

实际水位
指示水位

图 8-4　负荷增大，汽包
水位变化状况

3. 溶解携带

（1）饱和蒸汽溶解物质的能力。压力越高，饱和蒸汽溶解物质的性能越接近于水的性能，高压力的水蒸气分子结构接近于液态水。所以，某些盐类被溶解在蒸汽中造成蒸汽含盐量偏高。

（2）溶解具有选择性。溶解选择顺序由高到低依次为硅酸盐、钠盐、其他盐类。

（3）对硅的溶解性携带。

在汽包式锅炉内，由于温度高，炉水 pH 值高，给水中的硅全部转换成硅酸，极易溶解在蒸汽中，当压力增高时，硅酸的溶解易迅速升高。所以，蒸汽中硅的携带是溶解携带和机械携带共同作用产生的。

二、过热器积盐

1. 过热器内盐类的沉积

从锅炉汽包内送出的饱和蒸汽与其携带的盐类在经过高压加热器、减温减压器时，一部分盐类会因加温加压而沉积在过热器中；另一部分盐类被过热蒸汽带走，进入汽轮机后经扩容、降压、降温沉积在汽轮机动、静叶片上（称汽轮机积盐）；还有少量盐类随凝结水又返回锅炉。

2. 产生原因

含有盐类的饱和蒸汽在管道中呈现两种状态，一种呈现汽态，主要为溶解盐类——硅酸盐；另一种呈现液态，是机械携带的小水滴，它含有各种盐类，主要是钠盐，当进入过热器后会发生如下变化。

（1）携带小水滴的饱和蒸汽进一步蒸发、浓缩直至被蒸干，液态小水滴中的盐类析出，黏附在过热器的受热面上。在低温段，析出的盐类主要成分是钠盐，例如 $NaCl$、Na_3PO_4、Na_2SO_4。因为钠盐在高温高压下的过热器中溶解度很小，所以 Na 盐在饱和蒸汽中的含量大于在过热器时过热蒸汽中的含盐量，就会析出钠盐沉积在过热器上。

（2）因过热蒸汽比饱和蒸汽具有更大的溶解能力，小水滴中的某些盐类会继续溶解在过热蒸汽中，使其含盐量增加。当过热蒸汽进入高温段过热器（温度 560℃）后，又被进一步蒸发、浓缩、蒸干，某些盐类又被沉积在高温段过热器上，主要是 $NaCl$ 和 Na_2SO_4，并有少量 Na_2CO_3 和 Na_3PO_4。

（3）过热器的减温减压器主要有两种形式。一种是表面式减温减压器，另一种是混合式减温减压器。当采用混合式减温减压器时，其减温水如果不经过精处理设备除盐（小型热电厂循环流化床锅炉大部分是直接用锅炉给水作减温水），其减温水中的盐类就直接进入过热蒸汽并在过热器内蒸发、浓缩，且大部分沉积在受热面上，少部分（主要是硅酸盐）进入汽轮机。

某中温、中压锅炉过热器积盐成分及含量见表 8-2。

某高压锅炉过热器积盐成分及含量见表 8-3。

表 8-2　某中温、中压锅炉过热器积盐成分及含量　%		
成　份	低温段含量	高温段含量
Na_2SO_4	55.5	25.3
Na_3PO_4	19	7
Na_2CO_3	10	13
NaCl	15.5	55

表 8-3　某高压锅炉过热器积盐成分及含量　%	
成　份	低温段含量
Na_2SO_4	94.88
Na_3PO_4	5
Na_2CO_3	0.08
NaCl	0.04

在过热器内，除了沉积的各种盐类外，还有沉积系统内被腐蚀的氧化铁，因其溶解度小，也会被浓缩沉积在受热面上。所以，热力系统设备器壁上沉积物有大量的砖红色 Fe_2O_3。

3. 过热器积盐的清洗

过热器水洗或清洗锅炉时一起清洗。

三、汽轮机积盐

由过热器加温、加压后的过热蒸汽经主蒸汽管道被送入汽轮机做功。过热蒸汽经汽轮机扩容后，压力、温度降低，蒸汽中溶解的少量盐类及管道腐蚀产生的氧化铁微粒会沉积在汽轮机的动、静叶片上。这种现象称为汽轮机积盐。

1. 原因产生

（1）氢氧化钠。蒸汽所携带的水滴中有 $NaOH$，在过热器中蒸发浓缩形成浓度很高的液滴（$NaOH$ 溶解度大，且温度越高溶解度越大），被高压蒸汽流带入汽轮机。$NaOH$ 黏附在汽轮机的通流部件上形成沉积物——积盐。另外，$NaOH$ 液滴还会与蒸汽中的 CO_2 发生反应生成 $NaCO_3$，沉积在汽轮机上。其反应如下

$$2NaOH + CO_2 \longrightarrow Na_2CO_3 + H_2O$$

$NaOH$ 还会与蒸汽中的氧化铁微粒发生反应

$$2NaOH + Fe_2O_3 \longrightarrow 2NaFeO_3（铁酸钠）+ H_2O$$

并且 $NaOH$ 与过热蒸汽溶解携带的硅酸反应

$$2NaOH + H_2SiO_3 \longrightarrow Na_2SiO_3 + 2H_2O$$

氢氧化钠的这些反应物都会沉积在汽轮机部件上。

（2）铁的氧化物。过热蒸汽中的铁氧化物主要是固态微粒，在汽轮机各部件都会形成

沉积。

（3）硅酸。硅酸在过热蒸汽中的溶解度较大，因此，当汽轮机中蒸汽压力降得很低时，二氧化硅才会析出。二氧化硅不溶于水，质地坚硬，常有不同的形态，在高温环境下主要为石英，次之为方石英。当在汽轮机末级时，由于蒸汽压力、温度急剧下降，SiO_2 来不及结晶，便随凝结水带走，又经除氧器、给水泵进入锅炉。

2. 沉积物分布

汽轮机内沉积物分布如图 8-5 所示。根据沉积物成分，高压级主要是 Na_2SO_4、Na_2SiO_3、Na_3PO_4 等；中压级主要是 NaCl、$NaCO_3$ 和 NaOH，可能还有 $Na_2O \cdot Fe_2O_3 \cdot 4SiO_2$（钠锥石）和 $NaFeO_3$（铁酸钠）等；低压级主要是不溶于水的 SiO_2 和 Fe_2O_3 等铁的氧化物。铁的氧化物不只是在低压级有，中、高压级叶片也都存在。

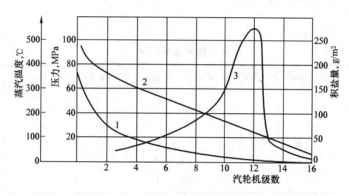

图 8-5　某汽轮机各级含盐量曲线图
1—蒸汽压力；2—蒸汽温度；3—各级积盐量

但供热机组和经常启、停的机组，积盐较少。这主要是因为供热抽汽带走了大量盐类；另外，负荷波动大，在低负荷时，汽轮机叶轮级数增加，湿蒸汽对积盐有清洗作用（因大部是可溶性钠盐）。

3. 汽轮机积盐的清洗

（1）汽轮机低负荷冲洗 4～10h，或空载运行清洗。

（2）最好用 NaOH，碱煮法去除（动静叶片）。

四、防止蒸汽系统积盐的方法

（1）尽量减少给水含盐量。

（2）防止凝汽器泄漏。

（3）加强给水及炉内处理，减少腐蚀。

（4）加强炉水监督和排污。

$$锅炉补水率 = \frac{给水电导率 - 凝结水电导率}{化学补充水电导率} \times 100\%$$

第九章 热力系统的汽水监督

■ 第一节 热力系统的汽水监督

为了防止锅炉及热力系统腐蚀、结垢和积盐，必须严格按规程做好汽水监督、检测工作，保证各项指标在控制范围内，确保热力设备安全运行。

一、给水监督

1. 给水水质标准

给水水质标准见表9-1。

表 9-1 给水水质标准

锅炉压力（MPa）	硬度（mg/L）	溶解氧（μg/L）	pH 值	铁（μg/L）	铜（μg/L）	联氨（μg/L）
3.8～5.9	<3	≤15		≤50	<10	
6.0～8.9			8.5～9.2			
9.0～12.9	<2	≤7		≤30	<5	20～50
13～15.9			8.5～9.3	≤20		
16～17	0		8.5～9.4			

注 8.9MPa压力以下的锅炉，给水采用亚硫酸钠处理时，炉水中含量不应超过5～12mg/L。

如果发现下列项目不合格时应及时联系有关专业作业人员找出原因并及时消除。

2. 硬度

给水硬度超标的原因有：

（1）凝汽器泄漏。

（2）给水泵密封不严（因给水泵密封冷却用的是工业水）。

（3）疏水有硬度。

（4）化学补给水有硬度。

以上涉及设备，要逐项取样化验，找出原因，汇报领导，联系通知相关专业人员采取措施，消除缺陷，尽快恢复正常。

3. 溶解氧

给水溶解氧超标的原因有：

（1）除氧器负荷波动，调整不当。

（2）给水泵密封不严。

要及时联系通知汽轮机给水操作人员，调整消除。

4. pH 值

如果给水 pH 值不合格，应及时调整加氨计量泵行程；如果还不能恢复（低标），可提高计量箱原液浓度；如果 pH 值经常超标，可降低计量箱浓度。一般要求加氨泵连续运行。

5. 铜、铁

Cu、Fe 超标的原因有：

(1) 锅炉因突然降负荷或停、开机，系统内铁被湿蒸汽冲刷进入凝结水，造成 Cu、Fe 超标。此时应排掉凝结水，至凝结水合格后并入系统。

(2) 疏水 Cu、Fe 超标。应排放疏水，合格后投入。

6. 电导率（含盐量）

最好装上在线电导仪表。

电导突然增高的原因有：

(1) 凝汽器漏。

(2) 给水泵泄漏。

(3) 化学补给水不合格（漏酸或碱，即再生时床的产水阀关闭不严，造成漏酸或碱液）。

(4) 疏水不合格。

二、凝结水监测

凝结水标准见表 9-2。

表 9-2　　　　　　　　　　　　凝结水标准

锅炉压力（MPa）	硬度（μmol/L）	溶解氧（μg/L）	电导率（μS/cm）	Na$^+$（μg/L）
3.9～5.9		≤50	<0.4	<15
6.0～15.9	<2	<40	<0.3	<10
16～17		<30		<0

凝结水超标的主要原因有：

(1) 蒸汽严重带水，应调整锅炉运行工况。

(2) 混合式减温器、减温水不合格，或调整不当。

(3) 机组停机或突然降负荷。

(4) 凝汽器泄漏。

最好装在线电导仪，时时监测水质情况。

三、疏水监测

疏水主要监测其含铁量，应不大于 100μg/L，硬度不大于 5μmol/L。超标疏水要排掉。

四、炉水监测

炉水标准见表 9-3

表 9-3　　　　　　　　　　　炉　水　标　准

锅炉压力（MPa）	pH 值	电导率（μS/cm）	PO$_4^{3-}$	碱度
3.9～5.9	9～11	400	5～15	
6.0～17	9～10	300	2～10	

注　PO$_4^{3-}$ 与 Ca 离子反应，只有在 pH 值足够高的条件下才易生成水渣。pH 值过高，证明炉水 NaOH 含量高，易造成苛性钠腐蚀。

按规定应装炉水含盐量表（在线电导仪）。

五、饱和蒸汽和过热蒸汽监测

为了防止过热器和汽轮机积盐，必须严格监测蒸汽品质，让其保持在规定范围内。

1. 蒸汽质量标准

蒸汽质量标准见表9-4。

表 9-4　　　　　　　　　　　　　蒸汽质量标准　　　　　　　　　　　　μg/L

锅炉压力（MPa）	钠		二氧化硅
	凝汽式	供热式	
3.9～5.9	≤15	≤20	≤20
6.0～17.0	≤10		≤20

2. 含钠量

蒸汽的含钠量是主要的控制指标，最好使用在线仪表连续测量，这样能够及时反映出锅炉运行状况；如果使用手工间断监测，一般间隔2或4h测量一次。因取样管路长、管径大，且取样流量小会发生取样测定合格后，锅炉突然增加负荷或水位增高等运行状况不稳定的情况，蒸汽严重带水，等下一次取样前，不合格蒸汽已进入汽轮机（混合式减温减压器更严重），造成汽轮机积盐、带水，轻者造成汽轮机振动（有的电厂造成汽轮机大轴弯曲），严重者造成汽轮机积盐而被迫停机（有的厂已经发生）。

所以，锅炉法规规定，蒸汽锅炉蒸发量大于2t/h的必须安装炉水含盐量表和蒸汽含盐量表（电导仪），用以连续监测炉水和蒸汽品质，保证安全生产。

对于高压机组，因汽轮机高压侧蒸汽流通截面小，容易在该处结有少量盐，也会使汽轮机的效率和出力显著下降。

3. 含硅量

炉水中的硅酸盐不但可以被高温高压蒸汽携带，而且是溶解在蒸汽中。所以，蒸汽中的硅是先溶解后携带，它比含钠量要高（含钠只是携带，并且在过热器中又容易析出）。硅酸在汽轮机中会形成难溶的二氧化硅附着物，对汽轮机的经济安全运行有很大影响，特别是高温高压机组，因其高压级蒸汽通流部分截面积小，在该处结有少量盐垢，会使汽轮机的效率和出力显著下降。

（1）蒸汽含硅超标的原因。

1）化学补给水除硅不彻底，特别是在采用地表水和地面水作水源的电厂，其化学补给水含胶体硅量较高。胶体硅与阴、阳离子交换树脂不进行交换，只能靠吸附除掉少量一部分，当补给水进入锅炉后，因在高温高压环境，补给水pH值又高，胶硅全部转化为硅酸，pH＞9时，造成炉水含硅量高。

2）因蒸汽对硅酸的溶解能力强，在高温高压下可溶解大量硅酸，并且硅酸还会随小水滴被携带，所以，蒸汽中的硅含量往往大于钠含量。

（2）硅超标的处理方法。

1）冲洗取样器。

2）加强锅炉排污。

3) 汽包水位偏高，需及时调整。

4) 彻底解决化学水处理存在的问题，采取有效措施尽量减少化学补水的含硅量。

5) 提高混合式减温水的质量。

六、锅炉汽水取样装置

1. 结构

锅炉及热力系统的水大都温度较高，在取样时要加以冷却至化验规定温度方可进行取样化验。取样装置结构如图9-1所示，取样水温控制在35℃左右。

2. 取样器冲洗

取样器使用前必须进行冲洗，运行时一般规定一周冲洗取样管一次。冲洗时，取样一次门全开，缓慢开大取样二次门，蒸汽取样管出蒸汽后30s，缓慢关小取样二次门至取样所需流量20kg/h（以目测水流不断滴为准），取样一次门一般常不开动。

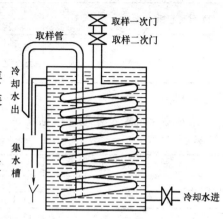

图9-1　汽水取样冷却器结构

温度控制冷却水进水门至取样水温不超过35℃，冷却水量不宜过大，避免造成浪费。

注意，取样器在冲洗时，操作人员要在一侧操作阀门。不要站在正面开、关阀门处。也不要开阀门太快，阀门开度要适量，以免被大量蒸汽烫伤。

汽水取样管在锅炉汽包等热力设备处都有阀门，一般在设备150~300mm处。此阀门操作由设备（各专业）负责人进行，化学人员不应操作。此阀门一般是常开，当取样管路出现故障或更换取样一次门时关闭，检修完后通知有关人员开设备取样阀门。

3. 取样冷却水

（1）用工业水冷却。但易结垢。

（2）凝汽器循环水冷却。但因夏季循环水温高，冷却效率低，又因循环水质差，易在冷却器内沉积使取样水冷却不下来。

（3）除盐水进行冷却，冷却后的回水进疏水箱。这种方法经济效果好，不结垢。

（4）密闭式循环冷却。目前大电厂都采用这种方法，并且实现了自动控制，但造价高。

七、水、汽品质劣化时的处理

1. 凝结水

凝结水劣化现象及处理方法见表9-5。

表9-5　　　　　　　　　　凝结水劣化现象及处理方法

劣 化 现 象	原 因	处 理 方 法
（1）硬度或电导超标	1）凝汽器铜管泄漏	汽轮机检查堵漏
	2）蒸汽严重带水	调整锅炉运行状况
	3）加氨量过大	调整加氨量
	4）混合式减温水不合格	查出原因并消除
（2）溶解氧不合格	1）凝汽器真空漏气	查漏堵漏
	2）凝结水泵盘根漏气	检修凝结泵

2. 疏水

疏水劣化现象及处理方法见表9-6。

表 9-6

劣 化 现 象	原 因	处 理 方 法
(1) 硬度超标	1) 不合格的水漏入	查漏消除
	2) 设备检修后没冲洗	应冲洗排掉
(2) Cu·Fe 超标	1) 抽汽器疏水等不合格	不合格的排掉
	2) 疏水箱腐蚀严重	防腐
	3) 疏水箱太脏	清扫和清洗

表 9-6 疏水劣化现象及处理方法

3. 给水

给水劣化现象及处理方法见表 9-7。

表 9-7 给水劣化现象及处理方法

劣 化 现 象	原 因	处 理 方 法
(1) 浑浊	1) 疏水浑浊	排掉
	2) 凝结水浑浊	排掉
(2) 硬度超标，电导率超标	1) 凝结器渗漏	查漏堵漏
	2) 疏水不合格	排掉
	3) 给水泵密封渗漏	检修
	4) 取样器渗漏	检修
(3) 溶解氧超标	1) 除氧器运行不良	调整
	2) 给水泵渗漏	检修
	3) 除氧器内部装置坏	检修

4. 炉水

炉水劣化现象及处理方法见表 9-8。

表 9-8 炉水劣化现象及处理方法

现 象	原 因	处 理 方 法
(1) 炉水浑浊	1) 给水浑浊，疏水不合格	查出原因，排掉
	2) 排污量少或长期没排	严格执行排污制度
	3) 检修后刚启动，负荷波动大	加强排污，换水
(2) 炉水含盐量高，电导率超标	1) 化学补水超标	检查除盐水
	2) 疏水超标	检查疏水排掉
	3) 排污量不够	开大连排门
	4) 加药量过多，或药品不合格	减少加药量，或更换药品
(3) 磷酸根超标	1) 加药量过多	减少加药量
	2) 排污量不够	开大连排门
	3) 负荷变化发生盐类溶解	调整工况、加大排污
(4) 磷酸根低标	1) 加药泵故障	排除故障
	2) 联络门未关，药加到别的炉	关闭相关联络门
	3) 排污量大	关小连排门
	4) 给水硬度大	降低给水硬度
	5) 化学补水有机物含量高	降低含量或更换水源
	6) 负荷变动出现盐类隐藏	调整运行工况
(5) 炉水 pH 值急剧下降	进入酸性水	检测除盐水
		开大排污
		向炉内加 $NaOH$
(6) 炉水电导低	1) 排污量过大	关小排污门
	2) 补给水 pH 值低，或加氨量不够，应加大加氨量	

现　　象	原　　因	处 理 方 法
（7）炉水 pH 值超标	1）加药量大	减少加药量
	2）化学补水 Na^+ 高	检测查出原因降低
	3）排污量小	开大排污门
（8）给水炉水指标都合格但电导率太高	磷酸盐质量不合格	更换磷酸盐 Na_3PO_4

5. 蒸汽品质

蒸汽品质劣化现象及处理方法见表 9-9。

表 9-9　　　　　　　　　　　蒸汽品质劣化现象及处理方法

劣 化 现 象	原　　因	处 理 方 法
（1）含钠、硅都超标	1）炉水含盐量大	开大排污
	2）化学补水不合格	找出原因，消除
	3）负荷波动	调整运行工况
	4）运行水位偏高	联系锅炉，降水位
	5）减温水不合格或泄漏	联系检修
	6）加药量太大	减少加药量或停加药泵
	7）汽水分离装置故障	联系检修
（2）钠合格，硅超标	硅酸比 Na 盐在蒸汽中的溶解度大，蒸汽先溶解携带硅酸	总体上讲，要加强排污，冲洗取样器
	1）炉水含盐量大	开大排污
	2）化学补水不合格，含硅量高	找出原因并消除
	3）负荷波动	调整运行工况
	4）运行水位偏高	联系锅炉，降水位
	5）减温水不合格或泄漏	联系检修
	6）加药量太大	减少加药量或停加药泵
	7）汽水分离装置故障	联系检修

第二节　热力设备腐蚀、结垢的评价及检测

一、腐蚀结垢评价标准

1. 汽轮机转子、隔板及叶片腐蚀、结垢评价

汽轮机转子、隔板及叶片腐蚀、结垢评价见表 9-10

表 9-10　　　　　　　　汽轮机转子、隔板及叶片腐蚀、结垢评价

	一类	二类	三类
结垢量 [mg/（$m^2 \cdot$ 年）]	<1	1~10	>10
腐蚀	基本无腐蚀	低压缸轻微腐蚀	下隔板、低压缸腐蚀严重

2. 锅炉水冷壁管向火侧结垢、腐蚀评价

锅炉水冷壁管向火侧结垢、腐蚀评价见表9-11。

表 9-11　　　　　　　　　　锅炉水冷壁管向火侧结垢、腐蚀评价

	一类	二类	三类
结垢量 [g/ (m²·年)]	<65	65~100	>100
腐蚀	基本没有	点蚀深<1mm	点蚀深>1mm

3. 凝汽器铜管腐蚀、结垢评价

凝汽器铜管腐蚀、结垢评价见表9-12。

表 9-12　　　　　　　　　　凝汽器铜管腐蚀、结垢评价

	一类	二类	三类
结垢量（mm）	无	<0.5	>0.5
腐蚀均匀（mm/年）	<0.005	0.005~0.02	>0.02
局部腐蚀	无	点蚀深<0.3mm	点蚀深>0.3mm

二、热力设备大修期间检测

在热力设备大修期间，化学专业人员要对设备进行必要的化学检测，检查其内部腐蚀、结垢状况，根据设备、腐蚀、结垢情况判断化学监督工作的好坏。测定结果向有关部门进行汇报，并针对存在的问题，提出改进防腐、防垢的措施，保证设备安全、经济运行，延长设备使用寿命。

（一）锅炉设备大修检查

1. 水冷壁管割管检查

（1）如果水冷壁发生爆管，可在爆管处（包括爆管口）割取一段管子进行检查。

（2）进炉膛内观查，若发现水冷壁变色、胀粗、鼓泡或有明显减薄现象，在上述等处割取。

（3）如果没有上述状况，可从热负荷最高处或因汽水循环不良，沉积物易存留处，例如斜管、弯管等处割取。

割管长度一般不少于0.5~1m。

2. 省煤器割管检测

省煤器割管检测一般用于运行5年以上的锅炉，割取其高、低温段入口或出口处，并且带弯头。

3. 过热器割管检测

过热器割管检测主要割低温段，如果减温减压器是采用混合式减温，还应割取高温段过热器。因为大部分地方热电厂为了节约投资，减温水使用锅炉给水，没有用专用水进行减温，且大部分采用一级除盐水，水中钠盐和硅含量都比较高，进入减温器后，在过热器内极易发生沉积，所以必须对过热器进行割管检测。

以上设备割管后必须详细记录割取位置、长度、时间，并记入设备台账。

4. 管样处理及检查

管样割取后，取管样中间约 100mm 长为一段，以向火侧和背火侧分界处割成两半最好用车床或刨床，地方电厂不具备这些设备可用细牙钢锯轻锯）。在剖割时禁止重击和使用冷却剂。

检查记录管样内腐蚀状态、内壁颜色及结垢厚度。

5. 结垢量的测定

(1) 割取垢厚的管壁（50mm×20mm），将毛刺锉掉，用乙醇或丙酮去除外壁污物，干燥后称重，计为 m_1。

(2) 用毛刷去除管壁软垢，称重，计为 m_2。

(3) 将去除软垢的管样放入盛有 10% HCl 溶液的烧杯中（溶液中必须加 0.2%～0.3% 缓蚀剂），在水浴上加热至 50～60℃，直至垢全部脱落，硬垢采用玻璃棒在溶液中进行擦拭。

(4) 将管样取出，用蒸馏水冲洗干净，立即放入 80～90℃ 的 2% Na_3PO_4 溶液中纯化。半小时后取出，干燥后立即称重，计为 m_3，并测量管样内表面积（垢侧）。

(5) 如果在酸洗后发现有镀铜，可放入盛有 1% NH_4OH ＋（0.1%～0.2%）过硫酸铵的烧杯中，在水浴上加热至 50～60℃，待铜全部溶解后再将管样进行冲洗纯化。

(6) 垢量计算。

$$a = (m_1 - m_2)/A$$
$$b = (m_2 - m_3)/A$$
$$总垢量 = a + b$$

式中　a——软垢量，g/m^2；

b——硬垢量，g/m^2；

m_1——管样重，g；

m_2——去除软垢后管样重，g；

m_3——去除硬垢后管样重，g；

A——管样内表面积，m^2。

注意，在溶解垢之前，烘干后先在没有垢的表面涂上清漆后再进行垢的溶解。

6. 汽包内检查取样

(1) 检查部位。汽包内检查部位及应记录的内容见表 9-13。

表 9-13　　　　　　　　汽包内检查部位及观察记录内容

检 查 部 位	观 察 记 录 内 容
汽包内壁	汽水分界线，水位高低，汽室颜色，腐蚀鼓包大小
	水室颜色，附着物多少，腐蚀状况，点蚀深度大小
给水槽旋风分离器	腐蚀、积盐状况，是否完整，气流状况
百叶窗、孔板	颜色，腐蚀、积盐状况
排污及加药管	排污管高度，加药位置，孔是否堵塞
上升、下降管	有无积渣及积渣多少、分布状况

(2) 腐蚀检查测量。用千分卡尺测量腐蚀坑点直径、深度，鼓包直径，并仔细做好记

录。

（3）沉积物及垢取样。若底部有沉积物，应取样，并记录沉积物分布状况和厚度，估算出沉积量。若有水垢，应在结垢多的部位画定尺寸，仔细刮取垢样计算出总垢量并分析化验成分。

（4）汽包内部检查必须有2～3人参加，不准带入杂物，工作人员穿专用工作服。

7. 水冷壁管下联箱检查

通过对水冷壁管下联箱的检查，了解锅炉运行中定期排污、腐蚀、沉积物状况。

检查时，将下联箱两端封头拆除后，观察其内部腐蚀、沉积物状况，并做好记录。

注意，汽包检查、取样必须有锅炉专工、化学专工及化验室班长参加。

（二）汽轮机及附属设备化学检测

1. 汽轮机本体检查

汽轮机大修时，揭开汽缸后，必须立即对转子、动叶片、定子、隔板及静叶片进行化学检测，附着物取样后再进行清理工作。

（1）通汽部分pH检测。用除去CO_2的中性除盐水浸润的pH试纸，选取不同的点进行pH值测定并详细记录，另外，进行定性测铜，看是否有铜垢。

定性测铜的方法是，用1∶1的NH_4OH溶解过硫酸铵至饱和状态。检测时用棉球沿其饱和液擦拭汽轮机叶片，看是否有蓝绿色产生，有则说明结铜垢，反应如下

$$Cu+NH_4^+ \longrightarrow Cu(NH_4)_4^{2+}（络离子，呈蓝绿色）$$

（2）腐蚀检查。对动、静叶片和转子、隔板逐级检查腐蚀状况，并对腐蚀坑点及状况详细记录。

（3）附着物及积盐的检测。对动、静叶片上的积盐状况逐级记录，一般末级积盐较多，并进行照相存档。

积盐的取样。选取积盐较严重的转子叶片，测量叶片长、宽尺寸，并仔细刮取垢样，一般取3～5点，算出积盐量。积盐用做化验分析，明确积盐成分，进而确定清除方案。

（三）凝汽器的检查

凝汽器检修要做如下检查。

1. 汽侧检查

（1）凝汽器排汽室人孔门打开后，拿行灯或手电筒进入检查铜管汽流冲刷状况（一般凝汽器上层有2～3排铜管是厚壁管壁厚约为3mm，主要为了增加机械强度）。

（2）观察铜管外表面颜色，检查有无油污、氧化铁等杂物。

（3）检查有无氨蚀。如果有氨蚀，其表面呈金黄色，并均匀变薄，也有月牙形凹垢。

（4）检查底部及集水井是否干净。

2. 水室检查

（1）从水室人孔门观察管内有无杂物，观察有无堵塞情况，并记录。

（2）用铜塞将泄漏铜管封死，记录封死铜管的位置、数量。

（3）检查管壁是否有垢和附着物，以及它们的分布状况。

（4）检查管壁有无腐蚀。

3. 抽管检测

根据凝汽器运行年限（如 3～5 年），铜管内部结垢、腐蚀状况，必要时提出抽管检测要求。进行抽管检测并记录好位置。

（1）抽管。先在要抽查的管底部做一记号（用钢锯条锯上浅槽），记录位置（第几排第几根）和水流方向、入口还是出口。由汽轮机检修人员将管子抽出。

（2）检漏。去掉样管已损坏变形的部分，一端用橡皮塞堵紧，顶在一固定平整处，另一端通上压力水（自来水）检查是否有漏点，并记录。

（3）剖管检测。做完检漏后、距管两端 100mm，中间隔 1.5m 一段割取 50～80mm 长管段。将管段从中间剖成两半，用水冲去软泥污物，测量垢层厚度、管壁厚度及腐蚀状况，做详细记录。无垢做应力试验。

（4）铜管应力试验。另取相应管段 3～5 段，用水冲洗干净，自然凉干后放入盛有浓氨水的干燥器内熏 24h。取出后用自来水冲洗凉干。在 1m 高处使样管自由落地（水泥面），听声音清脆则样管无应力，不清脆表明样管存在应力，并伴有应力腐蚀。

另外，用放大镜观查铜管是否有不规则裂纹。若有裂纹，表明存在应力；若无裂纹，表明无应力。

（四）油系统检测

（1）汽轮机油系统放净油后，应对油箱、冷油器、主油管道等进行检查，看设备有无锈蚀、油泥等，并采集油泥和油样进行化验分析。

（2）开机前要检查检修清理状况，并取油样做抗氧化剂 T501 和防锈剂 T746 含量化验，不足时按要求补加。

■ 第三节　垢样的采集和分解

一、采集部位的确定

垢样的采集由化学专业人员根据热力设备腐蚀结垢状况，选择具有代表性的取样点，再根据水电部有关规定和要求进行采集和制备。

二、采集垢样的方法

1. 采集数量

在条件允许的情况下，采集量应大于 4g。若结垢呈片状和块状等不均匀的垢样，应采集量应超过 10g。

2. 采集垢样的工具

采集不同部位的垢样应使用不同的工具，一般用碳钢或不锈钢专用小铲、竹片或其他非金属片、毛刷等。不可使用过分坚硬的工具，以免损伤金属壁，给垢样带入异物而污染垢样。

3. 挤压采样

割管采样时，若垢样不易刮取，可用车床先将管壁车薄，再将管样放在台虎钳上，下面放上试纸，用虎钳挤压使管样变形使垢样脱落。挤压前管样应先晾干。

4. 刮取垢样

要刮取时，先在刮取部位测量出垢样尺寸，并画上线，在线内用竹片或钢锯条轻轻刮取，下面用硬纸接垢样，然后将垢样装入广口瓶中并贴上标签备用。标签应注明设备名称、编号、取垢样部位、日期、采样人姓名等。

三、分析试样的制备

1. 一般垢样

作定性分析的垢样。可直接将垢样破碎成 1mm 以下的粒径，用四分法缩分装入广口瓶内，试样量少于 8g 的不必进行缩分。

2. 定量分析用垢样

取上述一般垢样超过 2g，放在玛瑙研钵中研磨细。不同垢样按下例标准研磨。

(1) 氧化铁垢、铜垢、硅垢、硅铁垢等难溶垢样，研磨后应全部通过 120 目筛网。

(2) 钙、镁水垢、盐垢、磷酸盐垢等易溶垢样，磨细至通过 100 目筛网。

将制备好的垢样分别装入贴有标签的称量瓶中备用，剩余垢样还在原来广口瓶中备用。

四、垢样的分解

1. 酸溶性

此法只能溶解碳酸盐、磷酸盐垢；对氧化铁垢、铜垢和硅垢等有少量不溶物的垢样，应再用碱溶法溶解，两种方法合并使用。

(1) 操作方法。称取干燥的垢样 0.2g 置于量程为 200mL 的烧杯中，加入 15mL 浓 HCl，盖上表面器皿，加温至垢样全部溶解。

若烧杯中有黑色不溶物，再加入 5mL 浓硝酸，加热至溶液近蒸干，然后冷却后加入 1∶1 的 HCl 溶液 10mL，再加 100mL 除盐水后摇匀。溶液呈透明状，证明垢样完全溶解，再将溶液转入 500mL 的容量瓶中稀至满刻度备用。

若溶液中仍有少量不溶物，可将溶液过滤，过滤出的不溶物洗涤后连同滤纸放入坩埚中炭化，将灰化后的物质进行碱熔融后连同洗涤液合并入上述 500mL 容量瓶中备用。

2. 碱熔融法

这里介绍氢氧化钠熔融法。

称取 0.2g 垢样放于盛有 1g NaOH 粉末的银坩埚中，加 2 滴乙醇润湿并略振动，使垢样黏附在 NaOH 的颗粒上，再盖上 2g NaOH 粉末。然后加盖置于 50mL 瓷舟中，在高温炉中慢慢升至 700～800℃，保持 20min 后取出坩埚，冷却至室温。

再将坩埚放入聚乙稀烧杯中，加入 20mL 除盐水，放在沸腾的水浴锅里盖上表面器皿加热 10min，待熔块浸散后取出坩埚，用热水洗瓶冲洗坩埚和盖。在不断搅拌下迅速加入 20mL 浓 HCl 继续加热 5min，待熔块完全溶解呈透明液体后转入 500mL 容量瓶中，稀释至刻度备用。

若溶液中有少量不溶物，可将透明液倒入 500mL 容量瓶后，再加入 5mL 浓 HCl 和 1mL 浓硝酸，继续在水浴中加热溶解，不溶物完全溶解后一并倒入 500mL 容量瓶中，稀释至刻度备用。

3. 碳酸钠熔融法

称取干燥的垢样 0.2g 放入装有 1.5g 无水碳酸钠的坩埚中,用铂丝混匀,再用 0.5g $NaCO_3$ 粉末盖好,然后加盖放入 50mL 瓷舟中,在高温炉内 950±20℃下熔融 2h。取出坩埚冷却至室温,将坩埚放入聚乙稀烧杯中,加 100mL 沸水,在沸腾的水浴锅上加热 10min。熔块散开后,用洗瓶洗涤坩埚和盖,在搅拌下加入 10mL 浓 HCl,再加热 10min,不溶物全溶后,将溶液移入 500mL 容量瓶中,稀释至刻度备用。

■ 第四节 水垢、盐垢、附着物化学定性分析试验方法

一、名词和术语

(1) 水垢。在热力设备的受热面与水接触界面上形成的固体附着物称为水垢。

(2) 盐垢。锅炉蒸汽中含有的盐类在热力设备中析出形成的固体附着物称为盐垢。

(3) 水溶性盐垢。用除盐水可以溶解的,叫水溶性盐垢,例如汽轮机、过热器的盐垢,主要是水溶性盐垢。

(4) 水渣。在炉水中析出呈悬浮状固体物质,或在水流动缓慢部位沉积的沉渣统称为水渣。

(5) 腐蚀产物。热力系统的金属材料遭受腐蚀而形成的离子态和氧化态的物质统称腐蚀产物。

(6) 氧化铁垢。由金属腐蚀产生的氧化铁附着物称氧化铁垢,其主要成分是 Fe_2O_3 和 Fe_3O_4。

(7) 硅垢。主要成分是硅酸盐的垢叫硅垢,非常坚硬需用氢氟酸去除。

二、水垢盐垢一般检测方法(定性)

在地方小型火力发电厂中,由于电厂化学工作人员少,机构简化,化验室不具备对水垢、盐垢进行定量分析的条件,可做如下定性试验。

1. 盐垢定性分析

取一定量盐垢,用中性除盐水将其溶解。特别是汽轮机、过热器等设备的盐垢,其主要成分是钠盐,基本全能溶解。如果盐垢是不溶的,便是 Ca、Mg 或其他盐垢。

2. 水垢的定性分析

取一定量的水垢,先用中性除盐水溶解,将不溶物进行烘干称量,算出不溶水垢百分含量,便于采取相应的清洗措施进行清除。

3. 目测法

可先用目测的方法,根据垢的颜色初步分析主要是属于哪种垢。

(1) 氧化铁垢。可先用磁铁检测垢样是否有磁性,有则说明是氧化铁垢。从颜色上观察,三氧化二铁呈砖(桔)红色,四氧化三铁呈黑色。

(2) 铜垢。绿色是铜垢,其主要成分是碳酸铜。但氧化铜呈黑色。

(3) 钙、镁垢。钙、镁的碳酸盐和硫酸盐垢呈白色。

(4) 硅垢。硅垢坚硬,黑乌白色。

（5）磷酸盐垢。呈灰白色。

4. 水溶性垢样分析方法

称 0.5g 测量完水分的垢样，放入 250mL 烧杯中，加入中性除盐水 100mL 进行加热、搅拌，若有不溶物，可加热至沸腾 5～10min，最后转入 500mL 溶量瓶稀释至刻度；若再有不溶物时，将不溶物过滤后称重，计算可溶垢质量。

三、简化定性化学分析方法

垢样制备。取已烘干的垢样进行研磨，称取 0.5g 放入 100mL 烧杯中，加中性除盐水 50mL，充分搅拌待测。

1. 水溶性试验分析

（1）pH 值试验（NaOH 测定）。取上述澄清水样，用 pH 计测其 pH 值，若 pH＞9，说明垢样有 NaOH 和 Na_3PO_3 等强碱性盐类存在；pH＜9，则说明垢样内无强碱性盐类。

（2）硝酸银试验（氯化物测定）。取上述溶液数滴，置于黑色背景的玻璃板上，加 2～3 滴 5％的硝酸银溶液，若液滴中有白色沉淀物，证明垢中含有水溶性氯化物。

（3）氯化钡试验（硫酸盐测定）取上述溶液数滴，置于黑色背景的玻璃板上，加 2～3 滴 10％氯化钡溶液，再加 2 滴 1：1HCl 溶液，若液滴中有白色沉淀物且加酸后不溶解，证明垢中含有水溶性硫酸盐。

2. 加酸试验

（1）碳酸盐试验。取垢样悬浊液，经搅拌后立即取 5mL 注入 25mL 的试管中，加 2mL5％的 HCl 溶液，若试管中产生气泡，证明垢样中主要是碳酸盐水垢。

（2）硅酸盐试验。取垢样悬浊液，加入 2mL HCl 和 2mL3％硝酸，观察水样中水垢缓慢溶解但若有白色不溶物，证明是硅酸盐垢。

（3）氧化铁试验。

取垢样悬浊液，加 2mL 冷 HCl，若垢样难溶，再加 2mL 硝酸。在水浴上加热至 60～80℃并搅拌，垢样溶解后溶液呈淡黄色，加 5％硫氰酸铵 3～5 滴，若溶液变成红色，证明是氧化铁垢。

（4）氧化铜垢。

取垢样悬浊液数滴，置于黑色背景的玻璃板上，加 2～3 滴 10％氯化钡溶液，再加 2 滴 1：1HCl 溶液。垢样溶解后溶液呈黄绿色或淡蓝色。从中取一定溶液，加浓氨水后先生成沉淀物，继续加氨水，氢氧化铜溶解，蓝色加深；另取少量上述溶液，加 3～5 滴 5％亚铁氰化钾溶液，若溶液生成棕红色沉淀物，证明垢样内有氧化铜垢。

（5）磷酸盐垢。取悬浊液 5mL 注入 25mL 试管中，加 2mL1：1 的 HCl 溶液，10％钼酸铵溶液，溶液生成黄色沉淀，再加 3mL 浓氨水黄色沉淀物又溶解，证明垢中是磷酸盐。

（6）硫酸盐垢。

取垢样悬浊液，加 HCl＋硝酸，加入 10％氯化钡，若有白色沉淀物生成，证明垢中有硫酸盐垢。

第五节　盐垢的定量分析试验方法

一、水分的测定

1. 概要

通常垢和腐蚀产物中的水分在105℃烘干测定,由于组成垢和腐蚀产物的各种成分都是以干燥状态下来表示的,所以必须测定其所含水分,把它计算在组分之内。

2. 测定方法

称取垢样1g,放入已在110℃下恒重的称量瓶中,在105～110℃下烘干2h,取出放在干燥器内冷却至室温后迅速称重;再在105～110℃下烘1h,然后置于干燥器内冷却至室温迅速称重。两次称量之差不大于0.1mg为恒重,水分x按下式计算

$$x = \frac{W_1 - W_2}{G} \times 100\%$$

式中　W_1——烘前垢样与称量瓶总质量,g;

$\quad\quad W_2$——烘后垢样与称量瓶总质量,g;

$\quad\quad G$——垢样质量,g。

二、灼烧减量的测定

1. 概要

试样灼烧时水分逸出,有机物燃烧,碳酸盐等分解,低价金属元素氧化,试样质量会发生变化,有的减少而有的则会增加。通过灼烧试样可以对垢和腐蚀产物的特性及组成作出判断,减少的量应加到垢的组分中,而增加的量应从组分总和中减去。

2. 450℃增(减)量的测定

(1) 称取垢样1g,放入已在900℃灼烧至恒重的瓷舟底部。

(2) 将瓷舟放入高温炉中,在450℃下灼烧1h。

(3) 将瓷舟取出放入干燥器内,冷却至室温后迅速称重。

(4) 增(减)量按下式进行计算。

$$x = \frac{W_1 - W_2}{G} \times 100\%$$

式中　W_1——灼烧前总重,g;

$\quad\quad W_2$——灼烧后总重,g;

$\quad\quad G$——垢样质量,g。

3. 900℃灼烧增(减)量测定

(1) 把已测定过450℃增(减)量的试样(连瓷舟)放入高温炉中,在900℃±5℃下灼烧1h。

(2) 取出试样,在干燥器内冷却至室温后迅速称重。

(3) 计算增(减量)。

$$x = \frac{W_2 - W_3}{G} \times 100\%$$

式中　W_2——450℃测定过的总重，g；

　　　W_3——900℃灼烧后的质量，g；

　　　G——垢样质量，g。

三、三氧化二铁的测定

1. 概要

垢样中的铁经溶解处理后全部以三价铁形式存在，在 pH＝1～3 的酸性介质中，三价铁与磺基水扬酸形成紫色络合物。用 EDTA 滴定，使溶液由紫红色变为淡黄色（铁含量低时呈无色）即为终点，可计算出 Fe_2O_3 含量。

2. 试剂

(1) 1mL 溶液含 1mg Fe_2O_3 的标准溶液。

(2) 10％磺基水扬酸指示剂。

(3) 2moL/L HCl 溶液。

(4) 1∶1 氨水。

(5) 1mL 溶液含 1mg Fe_2O_3 的 EDTA 标准液。

EDIA 配制：称取 EDIA 二钠 1g，溶于 200mL 除盐水（无铁水）中，然后转入 1000mL 容量瓶中稀释至刻度。

3. 测定方法

(1) 取待测溶液 50mL，注入 250mL 三角烧瓶中，补加 50mL 无铁水。

(2) 加 10％磺基水扬酸指示剂 1mL。

(3) 徐徐滴加 1∶1 氨水至溶液由紫色变为橙色止（pH≈8）。

(4) 加 1mL2moL/L HCl 溶液。

(5) 加 5mL0.1％邻菲啰啉。

(6) 将溶液加热至 70℃，趁热用 EDTA 液滴溶液至由紫红色变为浅黄色为终点。

(7) 计算。

$$x_{Fe_2O_2} = \frac{Ta}{G} \cdot \frac{500}{V} \times 100\%$$

式中　x——Fe_2O_3 百分含量；

　　　T——EDTA 与 Fe_2O_3 滴定度，即 1mL EDTA 相当于 1mg Fe_2O_3 的滴定度 mg；

　　　a——EDTA 消耗量，mL；

　　　G——称取的试样质量，mg；

　　　V——吸取测试溶液体积，mL。

四、垢样中铜的测定

1. 概要

在 pH＝8～9.7 的碱性溶液中，二价铜离子与双环己酮草酰二酰（BCO）生成深蓝色络合物。可以以此进行比色，测定垢样中铜离子含量。

2. 试剂

(1) 铜工作液 1mL 相当于含 0.01mg 铜。

（2）0.5％双环己酮草酰二酰溶液（BCO）称取 1g，加乙醇 10mL 于水溶锅内进行加热溶解，再加无铁水 100mL，冷却后过滤备用。

（3）20％柠檬酸溶液。

（4）0.01％中性红指示剂。

（5）硼砂缓冲液 pH＝9，称取 2.5g NaOH 粉末溶于 920mL 水中，加硼砂 24.8g 溶解后稀释至 1000mL 刻度备用。

（6）1：1 氨水。

3. 测定方法

（1）工作曲线绘制。分别于 1 组 50mL 容量瓶中按表 9-14 加入铜工作液，加水 20mL、20％柠檬酸 2mL、中性红指示剂 0.5mL，用 1：1 氨水中和至溶液由红色变为黄色，加缓冲液 10mL0.5％BCO3mL，用水稀至满刻度，用分光光度计测其吸光值，绘制工作曲线。

表 9-14   铜含量对应表

测定范围（mg）	工作液浓度（mg/mL）	加入工作液体积（mL）								波长（nm）	比色器（cm）
0～0.05	0.01	0	1	2	3	4	5	6	8	600	3
0～0.25	0.05	0	1	2	3	4	5	6	8	650	1

（2）垢样测定方法。

1）取试样 5mL，注入到 50mL 容量瓶中。

2）以工作曲线步骤显色。

3）用分光光度计测定吸光度，查出铜含量。

（3）计算。

$$x = \frac{W}{G} \times \frac{500}{V} \times 100\%$$

式中　x——CuO 百分含量；

　　W——工作曲线上查出的铜含量，mg；

　　G——垢样质量，mg；

　　V——取测定试液的体积，mL。

五、氧化钙、氧化镁的测定

1. 概要

垢和腐蚀产物中的 Ca、Mg 经熔样处理后，以离子状态存在于溶液中，在 pH＝10 的介质中和酸性铬兰 K 或铬黑 T 生成酒红色络合物，用 EDTA 标准液滴定至蓝色即为终点。根据 EDTA 消耗量计算出垢样中 Ca、Mg 含量。

2. 试剂

（1）钙红指示剂。

（2）酸性铬兰 K—萘酚缘 B 混合指示剂。

（3）1：4 三乙醇胺溶液。

（4）L—半胱氨酸盐酸，1％溶液。

(5) 2mol/L NaOH 溶液。

(6) 1：1 氨水。

(7) EDTA 标准液，1mL 溶液含 1mg CaO，1mL 溶液含 1mg MgO。

3. 测定方法

(1) 钙的测定。

1) 准确吸取 50mL 垢试样液，注入到 250mL 三角烧瓶中，加 50mL 除盐水，用 NaOH 调节 pH 值至 10 左右（用 pH 试纸测）。

2) 加 3mL NaOH。

3) 加 2mL 三乙醇胺。

4) 加 3mL L—半胱氨盐酸溶液。

5) 加 0.05g 钙红指示剂。

6) 立即用 EDTA 滴定至溶液由红色变为蓝色为终点，按消耗量计算 Ca 含量。

(2) Ca、Mg 总量测定。

1) 吸取试样 50mL 注入 250mL 三角瓶中，加 50mL 除盐水、用氨水（1：1）调节 pH 值至 8。

2) 加 5mL 氨缓冲液。

3) 加 2mL 三乙醇胺。

4) 加 3mL L—半胱氨盐酸溶液。

5) 加 0.05g 酸性铬兰 K 指示剂。

6) 立即用 EDTA 滴定至溶液由酒红色变为蓝色为终点，按消耗量计算 Ca、Mg 含量。

4. Ca、Mg 含量计算

(1) Ca 的百分含量按下式计算。

$$x = \frac{T_{Ca} \times (a_1 - a)}{G} \cdot \frac{500}{V} \times 100\%$$

(2) Mg 的百分含量按下式计算。

$$x_1 = \frac{T_{Mg} \times (a_2 - a_1 - a)}{G} \cdot \frac{500}{V} \times 100\%$$

式中　x——Ca 百分含量；

　　x_1——Mg 百分含量；

　　T_{Ca}——EDTA 对 CaO 的滴定度；

　　T_{Mg}——EDTA 对 MgO 的滴定度；

　　a——空白试验消耗 EDTA 量，mL；

　　a_1——滴定 Ca 消耗 EDTA 量，mL；

　　a_2——滴定 Ca、Mg 总量消耗 EDTA 量，mL；

　　G——试样质量，g；

　　V——取待测溶液体积，mL。

六、垢中二氧化硅的测定

1. 概要

在一定酸度下硅与钼酸铵反应形成硅钼黄，再用 1—2—4 酸（1—氨基—2—萘酚—4—磺酸还原剂）还原剂将它还原成硅钼蓝，用分光光度计测出垢样中二氧化硅含量。

2. 试剂

(1) 1mL 溶液含 0.1mgSiO$_2$ 的标准液，工作液稀释 10 倍。

(2) 1∶1HCl 溶液。

(3) 20％酒石酸溶液。

(4) 10％钼酸铵溶液。

(5) 氟化钠饱和液。

(6) 1—2—4 酚还原剂。

3. 测定方法

(1) 工作曲线绘制。分别按表 9-15 吸收 SiO$_2$ 工作液，注入一组 50mL 容量瓶中，稀释至满刻度转入聚乙稀瓶中，分别加入 1mL1∶1HCl 溶液，加 10％钼酸铵 2mL，放置 5min，再加 2mL 饱和氟化钠摇匀，加 3mL 酒石酸，1min 后加 1—2—4 酸还原剂，8min 后用分光光度计测定吸光值，绘制曲线。

表 9-15　　　　　　　　　　　　　　　工作曲线配制表

测定范围（mg）	工作液浓度（mg/mL）	工作液体积（mL）						波长（nm）	比色器（cm）
0～0.05	0.01	0	1	2	3	4	5	750	3
0～0.25	0.05	0	1	2	3	4	5	660	1

(2) 试样测定。取垢试样液 VmL，按工作曲线加药量显色后进行测定，测定出吸光值，从曲线上查出相应二氧化硅含量。

(3) 计算。

$$x = \frac{W}{G} \cdot \frac{500}{V} \times 100\%$$

式中　x——SiO 百分含量；

W——测出的 SiO$_2$ 含量，mg；

G——试样质量，g；

V——试液体积，mL。

七、水溶性碳酸盐含量的测定

1. 概要

盐垢中的水溶性碳酸盐主要是碱式盐，一般为 NaOH、Na$_2$CO$_3$、NaHCO$_3$ 等，用不同的指示剂滴定测出。

2. 试剂

(1) 1％酚酞指示剂。

(2) 0.1％甲基橙指示剂。

(3) 分别为 0.025、0.005mol/L 的硫酸标准液。

3. 测定方法

(1) 取垢试样液 V mL，加水稀至 100mL。

(2) 加酚酞指示剂 1～3 滴。

(3) 若溶液显红色，用硫酸标准液滴至无色，消耗量记为 a。

(4) 再加甲基橙指示剂，用硫酸继续滴至溶液呈橙红色，消耗量记为 b。

4. 计算

$$x_1 = \frac{2M \cdot a \times 40}{G} \cdot \frac{500}{V} \times 100\%$$

$$x_2 = \frac{2M \cdot 2b \times 53}{G} \cdot \frac{500}{V} \times 100\%$$

$$x_3 = \frac{2M \cdot (b-a) \times 84}{G} \cdot \frac{500}{V} \times 100\%$$

式中　x_1——NaOH 百分含量；

　　　x_2——Na_2CO_3 百分含量；

　　　x_3——$NaHCO_3$ 百分含量；

　　　M——硫酸的摩尔浓度，mol/L；

　　　a——用酚酞作指示剂时的硫酸标准液耗量，mL；

　　　b——用甲基橙作指示剂时的硫酸标准液耗量，mL；

　　　V——垢液试样体积，mL，一般取 5 或 50mL；

　　　G——垢样质量，mg。

八、水溶性垢样氯化物的测定

1. 概要

垢样中的氯化物主要是 NaCl，可以用硝酸银滴定会生成氯化银沉淀。该试验要求在中性和强酸性溶液中滴定，故应调节溶液 pH 值。

2. 试剂

(1) 标准氯化钠溶液，1mL 溶液含 0.5mg 氯化钠。

(2) 硝酸银标准液，1mL 溶液含 0.5mg 硝酸银。

(3) 10％铬酸钾指示剂。

(4) 1％酚酞指示剂。

3. 测定方法

(1) 吸取试样 V mL，加水至 100mL。

(2) 加 1 滴酚酞指示剂。

(3) 若溶液显红色，用 0.05mol/L 硫酸中和至溶液为无色。

(4) 若溶液不显色，用 2mol/L NaOH 中和至溶液刚显红色为止，再用硫酸回滴至无色。

(5) 加 1mL 铬酸钾指示剂。

(6) 用硝酸银滴至溶液为橙色时为终点，记录耗量。

4. 计算

$$x = \frac{1.649(a-b)}{G} \cdot \frac{500}{V} \times 100\%$$

式中　x——NaCl 百分含量；

a——硝酸银消耗量，mL；

b——空白试验消耗量，mL；

G——垢样质量，mg；

V——垢样液体积，mL。

在小型火力发电厂中，其他物质含量一般不测，若需测定，可查阅《火力发电厂垢和腐蚀产物分析方法》(GB/T 601—2002)。

第十章 热力设备的化学清洗

第一节 锅炉的化学清洗

在电力生产中，为了确保锅炉及热力设备在运行中有良好的水汽质量，避免热力设备的腐蚀和结垢，对热力设备也要做好化学清洗（特别是对已结垢或积盐的设备）和停用保护工作。

一、新安装锅炉的化学清洗

新的锅炉设备在制造过程中产生氧化物，在贮运、安装过程中生成腐蚀产物、焊渣以及出厂时涂刷的防护层，同时还有进入设备内部的尘土、砂子、水泥和保温材料的碎渣等，它们大部分都含有二氧化硅。设备经化学清洗后，炉水的二氧化硅含量会很快下降，经过 1～2 个月的运行后，蒸汽品质能达到正常标准；而没有清洗的锅炉，炉水长期发浑，呈褐色，含硅量很高，蒸汽品质严重不良，所以新安装锅炉必须进行化学清洗。

1. 煮炉

煮炉就是在锅炉给水内加碱液后点火升温至炉水温度达到 90～95℃，煮炉 8～24h 后，锅炉压火，放掉碱液（可从底部放碱），给水补水，清洗换水至炉水 pH≤8.4，水清，无杂质为止。

2. 清洗煮炉用药品

(1) $0.2\%～0.5\%Na_3PO_4+0.1\%～0.2\%Na_2HPO_4+0.05\%401$ 洗涤剂。

(2) $0.5\%～1.0\%NaOH+0.5\%～1.0\%Na_3PO_4+0.05\%401$ 洗涤剂。

中压锅炉一般用药品 (2)；高压锅炉用药品 (1)。最好所有锅炉都用药品 (1)，因为 NaOH 会对奥氏体钢有腐蚀作用（苛性腐蚀）。

3. 煮炉清洗系统

(1) 可暂时用疏水箱作药箱（如图 10-1 所示），加除盐水至疏水箱 2/3 处。先将药品溶解（按锅炉容积配制所要浓度）后加入药箱，再启动清洗泵进行循环；3～5min 后开出口门、关再循环门，向锅炉内注药，锅炉满水后停止加药，点火煮炉。

(2) 锅炉上水点火后，利用锅炉加药泵注入碱液（事先按锅炉容积计算出所需药量，在计量箱溶解均匀），用此法，煮炉时间不能低于 24h。

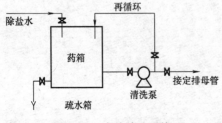

图 10-1 煮炉清洗系统

(3) 制作清洗专用系统进行清洗煮炉。

4. 注意事项

(1) 在进行煮炉前，在汽包水室应预先安装同炉管材料一样的试片，清洗完后拆出试片检查清洗效果和成膜效果。

(2) 禁止固体药品直接倒入系统，药品必须先溶解后倒入。

（3）煮炉时待压力升至 0.98MPa 进行排汽，按蒸发量的 5%～10% 进行，煮炉 12～14h。

（4）在煮炉过程中要经几次排污和补药。

（5）煮完炉后待水温降至 70℃ 以下时，全部排掉废液，拆开水冷壁底部联箱清除其内部杂物后重新装好。

（6）化学清洗或煮炉必须有专人负责，且要互相配合好。

二、运行锅炉的化学清洗

锅炉在运行过程中不可避免地会受到腐蚀，炉水中的杂质腐蚀产物会附着在受热面上产生盐垢而影响锅炉的安全运行。要根据锅炉结垢情况或定期对锅炉进行化学清洗。

为了查明炉管内的附着物量，一般采用割管的方法进行检查，割管部位是热负荷最高的地方（炉膛中心处）或弯管处。

炉管向火侧附着物的极限量及间隔年限见表 10-1。

表 10-1　　　　　　　　　炉管向火侧附着物的极限量及间隔年限

锅炉类型	汽 包 炉								直 流 炉	
工作压力（MPa）	<6.0	5.8～12.64		14.0		17.0		亚临界	超临界
所用燃料	各种燃料	煤	油	煤	油	煤	油	亚临界	超临界
间隔年限（年）	12～15	10		6		4		2～3	1～2
附着物含量（g/m²）	600～900	400～600		300～400		200～300		200～300	150～200

第二节　化学清洗用药品

根据水电部防腐工作要求，锅炉清洗时要考虑沉积物的组成及其溶解能力、锅炉结构及其材料品种等，虽然强酸（如 HCl）对溶解氧化铁垢、碳酸盐垢等有效，但当锅炉某些阀门管件材料为 38CrMoA1A 氮化钢时可采用弱酸和碱性清洗剂（如氨化柠檬酸、甲酸—羟基乙酸或 EDTA 等）。

另外，化学清洗用药品的使用还应考虑经济、方便、货源以及废渣处理、排放等问题。

最常用的清洗药品有

一、盐酸（HCl）

清洗反应如下

$$FeO + 2HCl \longrightarrow FeCl_2 + H_2O$$
$$Fe_2O_3 + 6HCl \longrightarrow 2FeCl_3 + 3H_2O$$

清洗铁垢

$$CaCO_3 + 2HCl \longrightarrow CaCl_2 + H_2O + CO_2 \uparrow$$
$$MgCO_3 \cdot Mg(OH)_2 + 4HCl \longrightarrow 2MgCl_2 + 3H_2O + CO_2 \uparrow$$

水垢溶解

二、氢氟酸（HF）

HF 溶解铁氧化物的速度快，溶解硅垢的能力也很强。它在低浓度（1%）低温（30℃

以下）效果也很好，而且清洗用时短，对金属的腐蚀速度慢〔可小于 1g/（$m^2 \cdot h$）〕。

另外，其废液处理简单，向废液中投加一定量的石灰乳即可排放。

清洗浓度：新炉 1％HF＋0.3％甲酸＋0.03％缓蚀剂（ZB—1）

运行炉 2％HF＋0.6％甲酸＋0.03％缓蚀剂（ZB—1）

氢氟酸主要是破坏垢的骨架，溶解垢主要靠盐酸。

注意 HF 是剧毒，使用时不要接触皮肤。

三、有机酸

常用于化学清洗的有机酸有柠檬酸、羟基乙酸、甲酸、酒石酸、邻苯二甲酸及乙二胺四乙酸（EDTA）等，最常用的是柠檬酸、羟基乙酸、EDTA 和十二烷基酸。

1. 柠檬酸

目前使用最广的柠檬酸是一种白色晶体，易溶于水且价格便宜、货源充足。其分子式为 $H_3C_6H_5O_7$，水解后为三价酸。柠檬酸本身与 Fe_2O_3 反应缓慢，生成的柠蒙酸铁溶解度小，易产生沉淀。反应如下

$$Fe_2O_3 + 2H_3C_6H_5O_7 \rightarrow 2FeC_6H_5O_7 \downarrow + 3H_2O$$

为此，在用柠檬酸作清洗剂时，要在清洗液中加氨，将溶液 pH 值调至 3.5～4。在此条件下，清洗液中的主要成分是柠檬酸单铵（$NH_4H_2C_6H_5O_7$），它可与铁生成易溶的络合物，清洗效果更好。反应如下

$$H_3C_6H_5O_7 + NH_4OH \longrightarrow NH_4H_2C_6H_5O_7 + H_2O \quad pH = 3.5～4$$

$$Fe_3O_4 + 3NH_4H_2C_6H_5O_7 \longrightarrow NH_4FeC_6H_5O_7 + 2NH_4FeC_6H_5O_7OH + 2H_2O$$

用柠檬酸清洗时应保证以下条件：

柠檬酸的浓度不超过 1％，最好用浓度大于 2％的；温度不低于 80℃，pH 值不大于 4.5，Fe^{3+} 浓度不大于 0.5％。清洗结束后不能直接排放废液，只能用热水排挤方式排掉，因为在清洗液中有许多胶态状柠蒙酸铁铵络合物，如直接排掉废液，在管壁上会形成很难冲洗掉的膜状物质。

使用柠檬酸进行化学清洗的缺点是，柠檬酸清除附着物的能力较慢；只能去除铁锈和铁垢，不能清除铜垢、钙镁、水垢和硅酸盐水垢；清洗温度要求高，流速大。

2. EDTA

乙二氨四乙酸二钠简称 EDTA 及铵盐，是一种有机清洗剂，对铜、铁垢和钙、镁水垢都有很强的清除能力，对金属腐蚀性很小，并能在金属表面生成很好的防腐保护膜。使用时无需另外进行纯化处理，其清洗浓度低，清洗时间短、安全，也可在运行中添加清洗。使用 EDTA 的缺点是价格较贵。

3. 其他有机酸

目前，锅炉清洗用有机酸还有羟基乙酸、酒石酸、磷苯二甲酸和十二烷基酸等。

■ 第三节 酸洗用缓蚀剂

在化学清洗中大都采用酸性溶剂，会不同程度地对金属产生腐蚀，为了减轻腐蚀，要

在清洗液中加入缓蚀剂。

一、缓蚀剂的缓蚀机理

缓蚀剂主要是靠其极性极吸附于金属表面，并与金属离子生成难溶化合物，在其表面形成致密的疏水性薄膜，可抵抗电荷的移动，防止与腐蚀反应有关的物质扩散，使金属表面能量稳定，因而使腐蚀反应受到抑制，但不会影响清洗液与沉积物（垢）的溶解反应。

缓蚀剂按其作用原理可分为氧化型、沉淀型和吸附型。氧化型缓蚀剂主要是铬酸盐类，它可使金属表面氧化生成纯化膜，抑制了腐蚀，叫纯化剂。沉淀型缓蚀剂主要是多磷酸盐类，能与金属生成沉淀膜，防止腐蚀的继续。吸附类缓蚀剂多为有机化合物，它能吸附于金属表面，改变金属—溶液界面的性质，使腐蚀受到抑制。

1. 化学吸附原理

吸附型缓蚀剂表面多由以负电荷大的 O、N、S 等原子为中心的极性极和以 C、H 为中心的非极性极组成，极性极是亲水性的，有吸附于金属表面的作用；非极性极则位于离开金属表面的方向，是疏水性的。由于非极性极的排布，在金属表面形成疏水性薄膜，可抵抗电荷的移动，防止与腐蚀反应有关的物质的扩散，使腐蚀受到抑制。

2. 物理吸附原理

以四烷基铵盐 R_4NX（X 为卤素）为例，在水溶液中，铵阳离子 R_4N^+ 带有正电荷，被带有负电荷的金属表面吸附，这样，铵阳离子排列在金属表面，好像金属全部带正电，这样 H^+ 就难接近于金属表面，其阴极反应速度就会降低，从而抑制了腐蚀的进行。

二、缓蚀剂的使用

（1）采用 HCl 清洗时常采用若丁、乌洛托品（六次甲基四胺）、7461—102、ZB—1（后两种为新型）、4502 氯化烷基吡啶等。

（2）采用柠檬酸时常用二邻甲基硫脲、2—疏基苯并噻唑（MBT）（铜的最佳缓蚀剂），铜的缓蚀剂还有 ZB—3（新型）。

（3）采用氢氟酸或 EDTA 时常用吡啶、硫脲、噻唑、苯并三氮唑等。

（4）部分介绍。

1）若丁是一种很有效的酸洗缓蚀剂（HCl），它能在酸液表面形成泡沫，避免 HCl 挥发，其组成因厂家不同而异，天津厂若丁组成是 25％二邻甲苯硫脲、50％的 NaCl、20％的糊精、5％的皂角粉；或氯化吡啶 30％、硫脲 5％平平加 2％、NaCl60％、糊精 3％组成，取名为若丁。

2）7461 与 7461—102。7461 是由煤焦油吡啶釜渣与工业酒精制得。7461—102 由 7461 加匀染剂 102 而成，它与 0.5％的乌洛托品配成复合缓蚀剂，缓蚀效率较高，可达99％以上。

3）乌洛托品。它是白色粉末或无色晶体，溶于水和乙醇，由甲醛和氨水作用制得。

4）ZB—1、ZB—3（铜缓蚀剂）。它们是新型缓蚀剂，是由吡啶釜渣制作的有机缓蚀剂。

5）平平加（0）。它是淡黄色液体或乳白色膏状体，主要成分是聚氟乙烯脂肪醇醚。它是表面活性剂（泡沫剂），用途广泛，因制作过程不同，有的是阳离子型，有的是非离子型（平平加 0）。

分子式为 $R—O(CH_2CH_2O)_nCH_2CH_2OH$

分子式中 R 为 $C_n \sim C_{18}$ 的烷基，n 是 $15 \sim 16$ 分子的氧化乙烯，它一般用作匀染剂和去色剂，在电厂清洗液中常作为增润剂。

三、添加剂

1. 加添加剂的目的

有时附着物中有某些用酸不易溶解的物质，需要在清洗液中添加某种表面活性剂，以提高清洗效果，这种药叫添加剂。

2. 常用添加剂分类

（1）当清洗液中铁含量高时，可添加 0.1% 氯化亚锡。

（2）有机清洗液中加联胺、草酸等。

（3）当清洗液中铜含量高时，可加 0.2% 硫脲（也叫隐蔽剂）。

（4）不管用无机酸还是有机酸，加入 0.2% 氟化氢铵，清洗效果都很好。

3. 表面活性剂

（1）活性原理。表面活性剂又叫界面活性剂，加入量很少就能显著地改变水的表面张力。表面活性剂是由两部分组成的，一部分为亲水基团，另一部分为憎水基团。当表面活性剂加入到清洗液中后，它常集中在水和另一物质的界面之间，因而改变了水的表面张力，它还会使某些物质湿润，某些物质发生乳化，并促使某些物质分散。

（2）分类。按其分子不同可分为三类。

1）阳离子型，常用作杀菌，清洗时不用。

2）阴离子型，有烷基磺酸钠、肥皂。

3）非离子型，有平平加、平平加 0、平平加—20 等。

4）乳化剂有 OII—15、浓乳 100 等。

4. 消泡剂

消泡剂有聚醚类、甲醛硅油、戊醇、糊精、皂角粉等。

■ 第四节　清洗小型试验及控制化验

化学清洗方案应通过清洗小型试验来确定，试验内容如下：清洗液浓度、温度、清洗时间和采用何种缓蚀剂、增润剂等。

一、清洗试验

1. 酸洗试验

取带附着物炉管长度为 $50 \sim 100 \text{mm}$，用刨床剖开，在水中冲洗、烘干后用腊或漆将没有附着物（垢）的剖面涂刷保护，然后分别放入不同浓度、不同清洗液（在平底烧杯中）中浸泡或搅拌，观察清洗效果、时间、温度（以附着物全部脱落或溶解干净为准）。

2. 腐蚀试验

取无附着物试片进行试验，按腐蚀速度计算。

3. 缓蚀剂缓蚀效率试验

按试片失重计算缓蚀效率，单位为％。

4. 钝化试验

用亚硝酸钠对试片钝化。

二、锅炉酸洗控制化验

1. HCl 浓度的测定

（1）清洗液中 Fe 含量低时，取 5mL 酸液放于三角烧瓶中，稀释至 100mL，加 2～3 滴甲基橙指示剂，用 0.5mmol/L NaOH 滴至溶液呈橙色（或加 5～6 滴酚酞滴至溶液呈微红色），记录耗 NaOH（酚酞）量。

$$HCl = \frac{36.5V \cdot A}{1000 \times 5} \times 100\%$$

式中　V——NaOH 消耗的体积，mL；

　　　A——NaOH 浓度，mmol/L；

　　　5——HCl 量，mL。

如果 1mmol/L NaOH 时，则 $0.73V$ 就是 HCl 量。

（2）清洗液中含 Fe 量高时取 1mL 酸液稀释至 100mL，加入 3％柠檬酸三铵 5mL，再加入 4 滴甲基橙，以 0.05mmol/L NaOH 滴至溶液呈桔黄色，记录 NaOH 消耗量，记为 a

$$HCl = 0.365a$$

此法加柠檬酸作隐蔽剂，可以使溶液不产生沉淀，有利于判断滴定终点，但加入量要把握适当，否则误差会很大。

2. NaOH 测定

取碱液 5mL 稀释至 100mL，加 2～3 滴酚酞，用 0.5mmol/L H_2SO_4 溶液滴至溶液无色，记录 H_2SO_4 耗量 V_1

$$NaOH = \frac{40N_1V}{1000 \times 5} \times 100\% \approx 0.8V_1$$

3. Na_3PO_4 测定

取样 10mL 稀释至 100mL，加 2～3 滴酚酞，用 0.5mmol/L H_2SO_4 滴至溶液无色，记录 H_2SO_4 耗量 a；再加 2 滴甲基橙，继续用 0.5mmol/L H_2SO_4 滴至溶液呈橙色，记 H_2SO_4 耗量 b

$$Na_3PO_4 = 1.65b$$

4. Fe 的测定（Fe^{2+}、Fe^{3+}）

取 5～10mL 水样稀释至 100mL，以氨水或 1：4 的 HCl 调节溶液 pH=1.5～3，也可不加氨或 HCl 调节 pH 值，此时清洗液 pH 值在 2.0 左右。加入 1mL 10％磺基水杨酸钠指示剂，用 0.05mmol/L EDTA 滴至溶液红色消失，记 EDTA 耗量 a；再加入过硫酸铵约 0.5g，继续以 0.05mmol/L EDTA 滴至溶液红紫色消失，记 EDTA 耗量 b。

$$Fe^{3+} = \frac{0.2a}{V}$$

$$Fe^{2+} = \frac{0.28b}{V}$$

注意，加晶体过硫酸铵量要大于 0.5g，否则反应不完全。

酸洗时至 Fe^{3+} 没有时开始顶酸，酸洗结束。消耗 1mL EDTA 相当于 0.5mol Fe^{2+} (Fe^{3+})。

5. $NaNO_2$ 测定

取 1mL 水样稀释至 100mL，加 1∶3 H_2SO_4 10mL，立即用 0.15mmol/L $KMnO_4$ 滴至溶液粉红不消失为止，记 $KMnO_4$ 耗量为 V。

$$NaNO_2 = V \times 1$$

6. 柠檬酸浓度的测定

取水样 5mL，加 5% $MgClO_4$（隐蔽铁）5mL 稀释至 100mL，加 3~5 滴溴百里酚兰指示剂，用 0.05mmol/L NaOH 滴至溶液呈蓝色或深绿色，计 NaOH 耗量为 V。

$$C = \frac{0.1KV}{5} \times \frac{210.14}{3} \times 0.1 = 0.14VK$$

式中　　C——柠檬酸浓度,%；

　　　　K——系数。

以上控制试验为快速测定法，因为酸洗时取样间隔时间短，故测定必须迅速，否则会过酸洗。以上方法都是经验法。

三、二次铁锈的防止与去除

酸洗结束后将酸液排空，让空气进入锅炉是绝对不允许的。酸洗后设备是新鲜金属表面，没有任何保护膜层，极易被氧化腐蚀产生二次水锈，给后一步钝化带来麻烦，甚至钝化失败。现在大多数用顶酸的方法排空酸液，但水中有饱和的氧，也不可避免地产生二次铁锈（在 pH=5~8 之间最易生锈）。可用下面的方法防止二次铁锈的产生。

在用水顶酸时，pH=4 时可迅速向炉内加氨—联胺溶液，使溶液 pH 值快速跳过 5~8 阶段达到 10±0.1，然后升温进行联胺钝化。

采用柠檬酸漂洗是防止二次铁锈产生的有效方法。此法是在酸洗结束后，用除盐水顶酸至溶液 pH≥4，Fe 含量小于 40mg/L 时，用 0.2% 的柠檬酸（加氨使 pH=3.5~4），在温度为 70℃ 左右，进行漂洗约 2h，然后进行亚硝酸钠钝化。

亚硝酸钠钝化条件是，0.5%<浓度<1.5%，pH=10.0±0.1，温度为 50~60℃，时间 4h。

第五节　化学清洗步骤及清洗总结

一、清洗后钝化

1. 水冲洗

清洗前先用水冲洗，并检查清洗系统是否泄漏。

2. 酸洗

（1）边冲洗边加药。

（2）先配好清洗药液，用清洗泵注入锅炉。此法常用于中、低压锅炉的清洗。

3. 顶酸、水冲洗

4. 纯化

钝化有下列方法：

（1）亚硝酸钠钝化法。用 $0.5\% \sim 1.5\%$ 的 $NaNO_3$ 加 NH_4OH 调节至 pH＝9～10，温度为 50～60℃，使药液在清洗系统循环（用酸洗泵打循环）4～6h，浸泡 8～10h 后，排掉钝化液，进行水冲洗。此法可使金属表面生成致密的呈钢灰色或银灰色的保护膜。

配药时应先加 NH_4OH，迅速使溶液 pH 值升至 9～10 后加 $NaNO_3$。

（2）联氨钝化法。用除盐水配制成 300～500mg/L 的联氨溶液，加 NH_4OH 调节溶液 pH＝9.5～10（10～20mg/L），循环 24～30h，温度为 90～100℃。此法钝化膜颜色呈棕红色或棕褐色。

（3）碱液钝化法。用 $1\% \sim 2\%$ Na_3PO_4 或 1% Na_3PO_4 ＋0.5% $NaOH$ 钝化。这种方法生成的钝化膜是黑灰色，其防腐性能不如上面两法产生的钝化膜，一般只使用于中、低锅炉，特别是新安装的锅炉，在钝化前，要在汽包内装一同水冷壁管相同材质的钢材，钝化完后取出检验钝化效果。

二、钝化膜耐蚀试验

在钝化膜试样上选择几个点，其余部分用腊封闭，然后逐点滴上硫酸铜溶液，根据 Cu^{2+} 颜色（由蓝变红）时间快慢评定膜耐蚀质量。

试液配制：40mL、0.4mol/L 硫酸铜＋20mL 10%NaCl＋1.5mL0.15mol/L HCl 混合而成。

三、酸洗总结报告

1. 酸洗小型试验报告

将酸洗小型试验的管样、设备、样品位置、试验方法步骤、时间、药液浓度、控制温度、时间及结果，详细写出汇总并报告上级领导及有关部门。

2. 酸洗方案

根据小型试验结果、确定方案，画出酸洗系统图等，并报请领导批准组织有关部门配合施实。例如锅炉运行、检修、化验室等配合，共同做好化学清洗工作。

3. 酸洗后总结报告

将化学清洗的设备、清洗步骤、方法、措施、控制试验结果，清洗后的检验清洗效果一并整理汇总，报上级主管领导和部门、并存档和记录热力设备技术台账。

第三篇

汽轮机循环冷却水处理

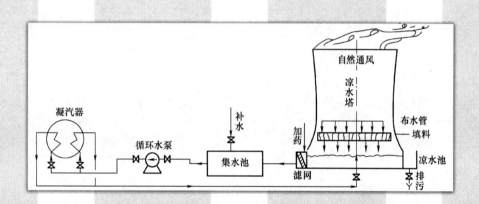

第十一章　循环冷却水结垢及防止

■ 第一节　循环冷却水的作用及分类

一、冷却水的作用

在凝汽式机组发电过程中，过热蒸汽推动汽轮机叶片做功，做完功的蒸汽是不能直接对空排掉的，必须将蒸汽转变成水再返回锅炉重新利用。蒸汽变成水的过程就是通过凝汽器来完成的，其内部装有多根铜管，管内是循环冷却水，水温在 20～30℃，汽轮机做完功的蒸汽进入凝汽器遇到温度低的铜管便凝结成水，然后进入集水井用凝结水泵打入除氧器。温度升高的冷却水送往冷却塔，经空气冷却后返回凝汽器继续做功。凝汽器结构如图 11-1 所示。

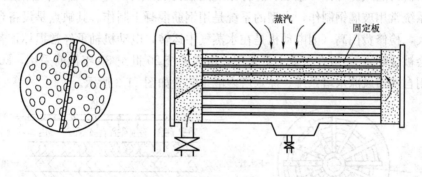

图 11-1　凝汽器结构

二、循环冷却水系统分类

1. 开放式（也称直流式）冷却水系统

开放式冷却系统没有冷却设备，只有冷却水泵，是用于靠近江、河、水库或海水的发电厂（其水源充足），水经过凝汽器等冷却设备后冷却水吸热又排放回江、河等。对水源的处理只是过滤、加防腐剂和杀菌剂就可以了。

2. 半开放式循环冷却水系统

这种系统在火力发电厂使用的最多。其运行方式为，冷却水经凝结后进入冷却设备，降温后再通过循环泵进入凝汽器，所以系统称为循环冷却水系统，它又分下列几种形式：

（1）凉水池式（也叫喷水池式）。它占地面积大，水渗漏损失和风吹损失大，受空气污染严重，在 20 世纪 50～70 年代采用较多，80 年代后逐步改为凉水塔式。

（2）自然通风冷却塔式循环水系统。这种方式自 20 世纪 80 年代以来基本火力发电厂全部采用，因其冷却效率高，汽水损失小，运行经济。其系统如图 11-2 所示。

（3）闭式循环冷却水系统。闭式循环系统是用除盐水作冷却水，一部分通过凉水塔冷却循环，另一部分作锅炉补水。冷却水进入冷却塔后，在密闭容器内通过空气冷却又返回

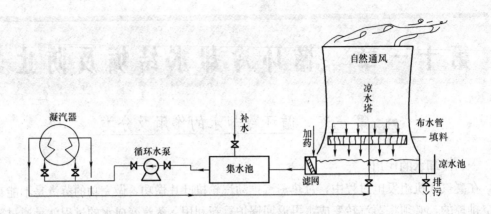

图 11-2 自然通风冷却塔式循环水系统

凝汽器，冷却水不与空气接触。这种系统在水源紧却的地区采用，但其缺点是设备投资大，运行费用高。

（4）机力通风冷却循环系统。这种系统用机力通风冷却塔，即冷却塔内安装电风扇。小型的系统常用玻璃钢制作，大型的系统是用钢筋混凝土制作。其缺点是设备台数多，运行电耗大，检修费用高（因电动机是在水蒸气中运转，电动机轴承经常损坏，若进水后则电动机会被烧坏）。一般在工业上常采用，电力系统 20 世纪 80 年代前采用，80 年代后则全部采用自然通风凉水塔系统。凉水塔内淋水装置如图 11-3 所示。

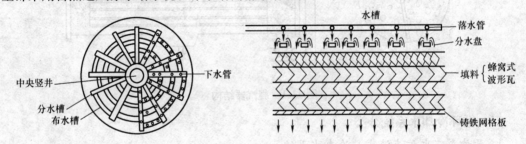

图 11-3 凉水塔内淋水装置

■ 第二节 循环冷却水中杂质的危害

一、冷却水中气体物质

因冷却水的冷却是用空气自然冷却，与空气充分接触，在水中常溶解有如下气体：

（1）氧气（O_2）。一般在冷却水中溶解 6～10mg/L，可造成设备氧腐蚀。

（2）二氧化碳（CO_2）。一般在冷却水中溶解 5～10mg/L，水的 pH<8.3 时，水中都存在 CO_2，并呈游离状态。从凉水塔逸出后，重碳酸钙分解会产生水垢。

（3）二氧化硫（SO_2）。不同的水源含量不一，主要会生成亚硫酸，对循环水系统设备造成腐蚀（水泥）。

（4）氨（NH_3）。特别是靠近化肥厂的电厂，空气中因风向会造成循环水含氨量增大，会引起凝汽器铜管的应力腐蚀而断裂。

二、水中阳离子

(1) K^+、Na^+。它们的溶解度都很大，在循环水中不会结晶，危害不大。

(2) Ca^{2+}、Mg^{2+}。称为暂硬，含量小于1mmol的叫软水，含量为1～2mmol的叫硬水，含量大于3mmol的叫高硬水，其主要危害是会使设备结垢。

(3) Fe、Al。其总量称为含铁量，主要生成$Fe(OH)_2$胶体悬浮物黏附在受热面或凉水塔填料上且不易被清除，并对钢管造成腐蚀，应控制其含量在0.3mg/L以下。铝含量较低，但易生成污垢。

(4) Cu、Zn。一般含量较低，当凝汽器铜管受腐蚀后，其含量会增大，可造成铜管损蚀（脱锌腐蚀），应控制其含量在0.1mg/L以下。

三、水中阴离子

(1) 碱度。水中碱度主要是碳酸根、重碳酸根和氢氧根碱度，也含有少量亚硫酸根、硼酸根、氨及有机酸根，在加有阻垢剂的循环水中还含有磷酸根。但测定的主要是碳酸根和氢氧根，主要危害是结垢，但当磷酸根含量高时会抑制结垢。磷酸根在循环水中的极限值约在3.98～5.5左右。

(2) Cl^-。水中氯化物溶解度大，不易结晶，在水中最稳定，一般作为计算循环水浓缩倍率，用来控制循环水的排污。

(3) SO_4^{2-}。硫酸根在水中是硫酸还原菌的营养品，会加速细菌繁殖，并对设备有腐蚀作用。

(4) PO_3^{3-}。一般在水中含量较低，主要是在循环水处理时加入磷酸盐和有机磷转化而来，一般应控制水中总含磷不超过5mg/L。

(5) SiO_2^{2-}。水中浓度高时易生成硅酸盐垢。

四、生物物质

(1) 微生物。主要是原水中原有微生物和空气中带入的，因为循环水温度高，阳光照射充足，并且水中营养丰富，使大量繁殖滋生的。其主要危害是在设备受热面上覆盖一层黏膜，并继续繁殖，连同其排污物生成微生物黏泥，其导热系数比水垢更低，可使凝汽器铜管导热效率显著降低，并对铜管进行腐蚀，危及设备安全运行。

(2) 藻类。会产生巨藻堵塞铜管和凉水塔填料及淋水装置。

(3) 贝壳类生物。会堵死铜管，使循环水流量减少而造成结垢。

综上所述，循环水必须进行必要的杀菌处理。

五、水中有机杂质

水中的有机杂质主要是悬浮物和胶体，低分子有机物呈真溶液状态，它们存在并含有高含量的细菌和病毒，常以化学耗氧量（COD）测定，主要危害是形成胶泥，腐蚀铜管。

六、水中粗分散机械杂质

主要指泥沙、草木腐殖物和纸、碎塑料、死飞虫等杂物。它们大的会在池中沉淀，分散较细的则悬浮于水中，随水流进入冷却设备堵塞铜管和凉水塔填料。它们会腐烂产生有机物，附着于设备受热面形成泥垢腐蚀铜管，对设备危害极大。所以在循环水入口要有集水井，并装二级滤网。

■ 第三节　循环水的浓缩结垢

一、循环水浓缩

在循环式冷却水系统中，循环水经凝汽器吸热后经凉水塔冷却，然后用循环水泵打回凝汽器再次利用。循环水在受热冷却中经空气、冷却、蒸发、浓缩等，为了使系统水质不超过其极限碳酸盐硬度值，需要加阻垢剂（也叫水质稳定剂）提高其极限值，并进行适当排污，还要补充相应的水量——补充水，使水稳定在一定状态。

1. 蒸发损失

循环水在冷却塔蒸发而损失热量使水冷却，其散热量随季节温度不同而变化。在冬季，空气温度低，与水热量交换后蒸发量少，约占总热量的 $50\% \sim 60\%$；而在春秋季约占 $65\% \sim 75\%$；在夏季，吸收的热量全部靠蒸发散热，所以以蒸发量大。具体循环水蒸发率可按下式进行计算

$$p_1 = 0.17 \Delta tx$$

式中　p_1——蒸发损失率，%；

　　　0.17——换算系数；

　　　Δt——循环水出口温度与进口温度之差，℃；

　　　x——冷却系统中因蒸发而冷却的热量和全部散发出的热量的比值，冬季可取 0.5，夏季取 $0.8 \sim 1.0$，春秋季取 0.75。

通过上式可计算出不同季节时的循环水的蒸发量，例如循环水量为 2000t/h，蒸发率为 1.5%，则蒸发量为

$$2000 \times 1.5\% = 30 \quad t/h$$

2. 风吹损失和渗漏损失（p_2）

此损失可按下列经验数据进行计算

冷却设备类型	损失（%）
小型喷水池（$\leqslant 400m^2$）	$1.5 \sim 3.0$
中、大型喷水池	$1 \sim 2.5$
小型滴水盘式冷却塔（双曲线）	$0.5 \sim 1.0$
中、大型滴水盘式冷却塔	0.5
机力通风冷却塔	$0.25 \sim 0.5$
薄膜式冷却塔	$0.25 \sim 0.5$

3. 排污损失（p_3）

排污损失一般按 1% 进行计算排污，浓缩倍率在 2 时，具体排污量应根据循环水的浓缩倍率进行计算和控制，排污量的计算如下式

$$p_3 = \frac{R[E + p_2 + (1 - \varphi)]}{\varphi - 1}$$

式中　p_3——排污量，t；

　　　R——循环水流量，t；

　　　E——蒸发损失率，%；

　　　φ——浓缩倍数；

　　　p_2——风吹损失率，0.5%。

排污率与浓缩倍率的关系如下：

浓缩倍率	排污率（%）
$\varphi=1.5$	3.44
$\varphi=2$	1.70
$\varphi=3$	0.8
$\varphi=4$	0.53
$\varphi=5$	0.40
$\varphi=6$	0.3

4. 循环水的浓缩倍率

循环水浓缩倍率因季节不同和加药处理方式不同而不同。循环水的风吹、渗漏、排污所产生的损失水都与循环水含盐量相同，对浓缩倍率无影响。受影响的主要原因是因循环水蒸发、浓缩，蒸发的水蒸气为蒸馏水，带盐量很少，所以循环水中盐类浓缩，当达到盐类极限值后便结晶析出在受热面上产生水垢。当向循环水中加入水质稳定剂（也叫阻垢剂）后，分散了碳酸盐，阻止了结垢的形成，使循环水浓缩倍率提高，减少了排污量和补水量。但当超过其稳定浓缩倍率后，将会产生水垢。所以要严格控制循环水的浓缩倍率，用排污量的大小来控制。

$$\psi = \frac{p_1 + p_2 + p_3}{p_2 + p_3}$$

因计算误差很大，一般用循环水和补充水中的某一离子进行计算，例如硬度、碱度等，但是因某些盐类不稳定，所以大都以氯离子计算，其计算如下

$$\psi = \frac{\mathrm{Cl_A}}{\mathrm{Cl_B}}$$

式中　ψ——浓缩倍率；

　　$\mathrm{Cl_A}$——循环水氯根（$\mathrm{Cl^-}$），mg/L；

　　$\mathrm{Cl_B}$——补充水氯根（$\mathrm{Cl^-}$），mg/L。

5. 补充水量计算方法

$$m = \frac{RE\psi}{\psi - 1}$$

式中　m——补充水量，t/h；

　　R——循环水量，t/h；

　　E——蒸发百分率；

　　ψ——浓缩倍率。

二、水垢的形成

1. 重碳酸钙的分解

当水中存在 Ca、Mg 的重碳酸盐〔一般不存在 Ca(OH)$_2$〕，当 pH 值大于 8.3 时，或水在加热、蒸发浓缩时，重碳酸钙分解生成碳酸钙（CaCO$_3$ 溶解度最低，其次是 MgCO$_3$，MgCO$_3$ 比 CaCO$_3$ 大 4～6 倍，而 CaSO$_4$ 溶解度最大，pH＝9.5～10 时，Mg(HCO$_3$)$_2$ 分解。

Ca(HCO$_3$)$_2$ 的分解反应方程式

$$Ca(HCO_3)_2 \xrightleftharpoons{受热} CaCO_3 \downarrow + CO_2 \uparrow + H_2O$$

$$2HCO_3^- \rightleftharpoons CO_3^{2-} + CO_2 \uparrow + H_2O$$

以上反应是可逆的，当反应处于平衡时，水中 HCO$_3^-$ 和 CO$_2$ 之间保持一定关系，如水中 CO$_2$ 减少，平衡反应会向右移动生成 CaCO$_3$ 沉淀，产生水垢。

试验证明，CO$_2$ 在水中的溶解度随温度升高而降低，不同温度 CO$_2$ 在水中的饱和浓度为：10℃ 时 14.7mg/L，20℃ 时 7.0mg/L，30℃ 时 2.5mg/L，40℃ 时 0.9mg/L，50℃ 时为 0。

当循环水在凉水塔中蒸发散热，浓缩时，水中 Ca(HCO$_3$)$_2$ 增多，但 CO$_2$ 随温度升高（40℃ 左右）溶解度降低，会随空气流跑掉，大量的 Ca(HCO$_3$)$_2$ 分解产生 CaCO$_3$ 结晶，而产生的 CO$_2$ 又跑掉，反应继续向右进行，当水浓缩到一定程度时，便会在凝汽器受热面上结垢。

2. 水的极限碳酸盐硬度（循环水）

水的极限碳酸盐硬度应通过试验得出，但在生产上，往往不具备试验条件，可用以下经验公式计算。

$$2.8H_Q = \frac{8}{2} + \frac{COD}{3} - \frac{t-40}{5.5 - \dfrac{COD}{7}} - \frac{2.8H_g}{6 - \dfrac{COD}{7} + \left(\dfrac{t-40}{10}\right)^2}$$

式中　H_Q——极限硬度值，mmol/L；

　　　COD——补充水的耗氧量，mg/L；

　　　H_g——补充水的非碳酸盐硬度值，mmol/L；

　　　t——循环水的最高温度，$t<40$℃ 时按 40℃ 计算。

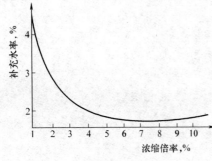

图 11-4　循环水浓缩倍率
与补充水率关系

通过计算循环水的极限碳酸盐硬度值，便于控制循环水的浓缩倍率，使循环水硬度含量不超过极限值，一旦超过，便会在凝汽器内结晶析出，产生水垢。

近年来，为了节约用水，都采取向循环水中加药处理的方法来提高循环水的浓缩倍率，使循环水的极限碳酸盐硬度提高，从而达到凝汽器内没有水垢而又节约用水的效果。

循环水浓缩倍率与补充水率的关系如图 11-4 所

示。

例如循环水量按 $10000m^3/h$，凝汽器出入口温度为 $10℃$，各量之间的关系见表 11-1。

表 11-1 浓缩倍率与各量之间的关系

浓缩倍率（%）	1.0	1.5	2	3	4	5
蒸发损失量（m^3）	0	174				
风吹损失量（m^3）	0	5				
排污量（m^3）	10000	344	169	82	53	39
补充水量（m^3）	10000	523	348	262	233	218

■ 第四节　循环水结垢的防止

汽轮机凝汽器结垢主要是循环水中重碳酸钙分解成碳酸钙结晶析出，在凝汽器铜管内产生水垢，只要防止重碳酸钙分解，就能控制结垢。向循环水中投加某种化学药品，使重碳酸钙趋于稳定状态。这种方法叫水质稳定处理。还有其他方法。分别介绍如下。

一、循环水加酸处理

循环水加酸处理一般都采用加硫酸，其反应如下

$$Ca(HCO_3)_2 + H_2SO_4 \longrightarrow CaSO_4 + 2CO_2 \uparrow + 2H_2O$$

重碳酸钙分解反应

$$Ca(HCO_3)_2 \underset{}{\overset{受热}{\rightleftharpoons}} CaCO_3 \downarrow + CO_2 \uparrow + H_2O$$

加硫酸后产生的 CO_2 抑制了反应向右进行，防止了水垢的生成。

加硫酸量按下式进行计算

$$D_{H_2SO_4} = \frac{49}{S}\left(DD - \frac{1}{\varphi}H_T\right) \times Q \frac{P}{100}$$

式中　$D_{H_2SO_4}$——应加硫酸量，g/h；

　　　49——H_2SO_4 的当量；

　　　S——H_2SO_4 纯度，百分含量，98%；

　　　DD——补充水硬度，1/2mol/L；

　　　H_T——补充水极限硬度值，1/2mol/L；

　　　Q——循环水量，m^3/h；

　　　P——补充水率，%；

　　　φ——浓缩倍数。

在采用水质稳定处理时，因浓缩倍率高，循环水碱度大，加硫酸也可以进行中和，使浓缩倍率提高。

注意加硫酸处理一定要严格控制，否则会造成局部腐蚀和水泥浸蚀。

二、循环水炉烟处理

利用锅炉的排烟，在除尘器后安装泡沫吸收塔，利用烟气中的 SO_2 将烟气进一步净

化后用 PVC 管引入到循环水中。此法经济，运行可靠，但检修费用高，目前很少采用。

三、磷酸盐水处理

磷酸盐处理一般采用三聚磷酸钠或六偏磷酸钠，浓缩倍率可维持用药前的 2 倍左右（根据不同地区的水质不同）。

三聚磷酸钠分子式为 $Na_5P_3O_{10}$，其结构式

$$NaO-\underset{\underset{ONa}{|}}{\overset{\overset{O}{||}}{P}}-O-\underset{\underset{ONa}{|}}{\overset{\overset{O}{||}}{P}}-O-\underset{\underset{ONa}{|}}{\overset{\overset{O}{||}}{P}}-ONa$$

在水中与 Ca^{2+} 反应，如下

$$Na_5P_3O_{10}+Ca^{2+}=NaO-\underset{\underset{O}{|}}{\overset{\overset{O}{||}}{P}}-O-\underset{\underset{O}{|}}{\overset{\overset{O}{||}}{P}}-O-\underset{\underset{ONa}{|}}{\overset{\overset{O}{||}}{P}}-ONa+2Na^+$$

$$Ca$$

生成单环或双环螯合离子分散在水中，所生成的—O—P—O—P—O—P—阴离子极易吸附在碳酸钙晶粒上，并与 CO_3^{2-} 发生置换反应，阻碍晶体的增长，并且抑制干扰、扭曲晶体，变成疏松分散的晶粒而分散在水中，从而形不成水垢。

加入量一般控制在 2~3mg/L。

四、常用复合水质稳定剂处理

目前最常用的复合水质稳定剂比单独使用聚合磷效果好，维持浓缩倍率高，节水效果更好。其主要成分是有机磷、三聚磷酸钠、聚丙烯酸和聚马米酸酐及锌盐等，并且加有防腐剂。复合水质稳定剂组合不同，效果也不一样，现将其主要成分介绍如下。

1. 有机磷阻垢剂

有机磷多为黏稠液体的原液，还有 4 倍、8 倍浓缩液，一般分为两类，一类是含氮的，如 ATMP、EDTMP、EDTPMP、BDTMP 等；第二类为不含氮的，如 HEDP（各羟基亚乙基二膦酸，又名羟基乙叉二膦酸）。第一类有机磷阻垢剂的化学通式等

$$\begin{matrix} H_2O_3P-CH_2 \\ H_2O_3P-CH_2 \end{matrix} \rangle N \overline{} CH_2-CH_2-N \overline{}_n CH_2-PO_3H_2$$
$$\underset{CH_2-PO_3H_2}{|}$$

当 $n=0$ 时，名 ATMP，化学名为氨基三甲叉膦酸，又名氨基三亚甲基膦酸，是由氯入胺、甲醛、三氯化膦一步合成。其化学结构为

$$\underset{CH_2-PO_3H_2}{\overset{CH_2-PO_3H_2}{N-CH_2-PO_3H_2}}$$

当 $n=1$ 时，为 EDTMP，化学名乙二胺四甲叉膦酸，又名乙二胺四亚甲基膦酸，是由乙二胺、甲醛、三氯化膦一步合成。

当 $n=2$ 时，为 DETPMP，化学名二乙烯三胺五甲叉膦酸，又名二亚乙基三胺五亚甲基膦酸，此药品不但阻垢，而且对碳钢有很好的缓蚀作用。

以上有机磷经阻垢效率试验（模拟台试验），ATMP 效果最佳。

有机磷的阻垢原理：

（1）络合作用。它可与水中 Ca、Mg 反应生成稳定的络合物。

（2）开尔文效应。有机磷包围在 $CaCO_3$ 晶体周围，使 $CaCO_3$ 晶体相互不能碰撞形成大颗粒，从而保持在小颗粒状态分散在水中。

（3）晶格歪曲作用。有机磷在水中干扰 $CaCO_3$ 晶格生长，并使晶格发生畸变和歪曲，从而稳定地分散在水中，防止了垢的生成。

控制有机磷投加量在 $2\sim3mg/L$，总磷含量不超过 $5mg/L$。

2. 聚丙稀酸钠（PAANa）

聚丙稀酸钠的主要作用是分散剂，它属聚羧酸类，成品呈液体状。

（1）分类。

1）阳离子型。带正电荷，NH_3 或 $N(CH_2)_2$。

2）阳离子型。带负电荷，$—COOH$ 或 $—SO_3H$。

3）非离子型。不带任何电荷，$CO—$ 或 $—OH$。

最常用作循环水处理用的是聚丙烯酸钠，其结构式如下

$$\underset{COOH(Na)}{\underset{|}{\left[CH_2—CH\right]_n}}$$

它是一种低分子阴离子型聚合物，其相对分子质量在 $2000\sim6000$ 之间最好。其他还有聚甲基丙稀酸、聚马米酸酐、聚天冬氨酸、丙稀酸共聚物等。

近年来，有一种新型循环水分散剂——衣糖酸钠，它比聚丙烯酸钠多一个羟基，效果优于 PAA，其分子式为

$$\begin{array}{cccc} HOOC & & & COSO_3Na \\ | & & & | \\ [H_2C—C]—[H_2C—C]—[CH_2—CH]_2 \\ | & & | \\ HOOC—H_2C & COOCH_2CHCH_3 \\ & & | \\ & & OH \end{array}$$

此种分散剂分散效果好，与异噻唑啉酮配合使用效果更好。

异噻唑啉酮的化学名为 2—甲基—4—异噻唑啉—3—酮，其结构式是

相对分子质量为 115.16。

原液 $pH=2\sim3$，密度为 $1.42g/cm^3$，活性物含量超过 1.5%。是一种杀生物剂，一般与衣糖酸钠配合使用，也可与其他阻垢剂配合使用。

（2）PAA 的阻垢原理。聚丙烯酸钠在水中解离后，其阴离子—COOH 遇水中 Ca、Mg 离子首先发生物理吸附（电）和化学吸附，改变了 Ca、Mg 离子的表面电位，并在其表面形成双电层，使其晶间相互发生排斥并均匀的分散在水中，从而防止了垢的生成。

（3）投加量一般为 2～3mg/L。

五、常用复合水质稳定剂分类

（1）丙烯酸共聚物型。

（2）有机膦、多元共聚物型。

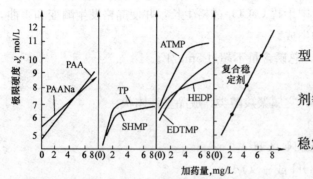

图 11-5　常用阻垢、水质稳定剂的水质稳定曲线

（3）有机膦、锌盐复合型。

（4）有机膦、聚合磷酸盐、聚羟酸型

（5）其他类型。例如无磷水质阻垢剂等。

（6）常用阻垢、水质稳定剂的水质稳定曲线，如图 11-5 所示。

六、对阻垢剂阻垢效果的影响因素

1. 阻垢剂浓度

使用有机膦复合阻垢剂处理时，有机膦的浓度为 0～3mg/L 时，其稳定极限磷酸盐硬度值呈线性增长；当大于 3mg/L 时，阻垢效率缓慢增长；当超过一定浓度后，线性曲线呈平行状（模拟台试验证明）。由此可以看出，有机膦的阻垢效率在 3mg/L 浓度以下最好，当浓度超过 3mg/L 时，阻垢效率增长缓慢，当浓度超过 5mg/L 时，循环水的极限碳酸盐硬度不再提高，碳酸钙便会结晶析出，产生水垢。

2. 不同阻垢剂配合时的协合效应

单独使用阻垢剂阻垢效率差，维持浓缩倍率低，一般不会超过加药前的 2 倍。而阻垢剂相互配合使用时，阻垢效率高，可使循环水浓缩倍率提高到 5 倍以上。

但不是所有阻垢剂都能相互配合使用，应根据其各自的化学性质来决定，必须经过试验进行复配。

3. 水温对阻垢效率的影响

不同的阻垢剂使用温度不同，当采用有机膦阻垢剂时，浓度在 1mg/L，水温小于 43℃时，阻垢效率可达 100%；当温度超过 50℃时，阻垢效率可降至 60%；水温升至 80℃时，阻垢效率则降至 30%。

4. 循环水水质对阻垢效率的影响

（1）水中中性盐类的影响。天然水中典型的中性盐是 NaCl 和 Na_2SO_4，试验证明，水中中性盐增多，Ca、Mg 的沉淀减少，阻垢效率会提高。

（2）水中镁离子的影响。水中镁离子增多，阻垢效率提高。

（3）pH 值影响。pH 值太高或太低，阻垢效率都会降低，最佳 pH 值是 6～8。

（4）水中碱度和钙离子的影响。循环水中碱度主要是 HCO_3^- 和 CO_3^{2-}，从碳酸钙的沉淀平衡讲和钙离子一样,都是共同离子。试验证明,碱度和钙离子增加,阻垢效率和极限碳酸盐硬度都会降低。

循环水碱度与 pH 值的关系如图 11-6 所示。

因循环水中加阻垢剂后浓缩倍率提高,水中碱度和 pH 值都会增加,试验证明,循环水不加阻垢剂时,碱度不能超过 $\frac{7}{2}$ mol/L;当加阻垢剂后,碱度可提高到 $\frac{21}{2}$ mol/L 或 500mg/L($CaCO_3$)。

(5)补充水硬度对极限碳酸盐硬度值的影响。试验证明,补充水的硬度小时,阻垢剂的稳定极限值也小,但允许循环水浓缩倍率会高一点;补

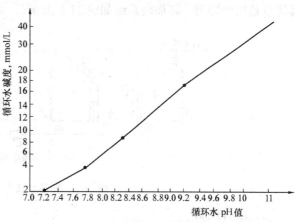

图 11-6　循环水碱度与 pH 值的关系

充水的硬度大时,同种阻垢剂同浓度,阻垢剂的稳定极限值也高,但允许循环水维持浓缩倍率要低一点。这种现象是由阻垢剂在循环水系统中停留的时间长短而引起的,停留时间短,阻垢效率高;停留时间长,效果差。

造成以上现象的原因:阻垢剂吸附于 $CaCO_3$ 微晶表面上,阻止和延缓了晶体的增长,产生了一个诱导期,在这期间,微晶体上也会有相当量的钙增多,并逐渐覆盖了阻垢剂;当诱导期过后,溶液中的 $CaCO_3$ 微晶又因阻垢剂不存在而又开始增长(因蒸发浓缩)。所以随着时间的延长,其稳定值逐渐下降,过饱和的 $CaCO_3$ 析出,产生水垢。

■ 第五节　循环水加药方法及运行控制

一、加药方法

1. 冲击式加药法

(1)先按循环水总容量计算出加药量,一次性加入循环水泵入口集水井中,或加在凉水塔回水口处。

(2)再按循环水补充水量计算出 24h 的补充水总量,按 24h 总补水量计算出应加入的药量,每天定时加入一次。

这种加药方式称冲击式加药法。其优点是操作简单,经济,不用加药设备。但缺点是加药不均匀,在药品刚加入时,浓度较大,排污会排掉一部分。

2. 自然加药法

此法是在循环水泵房内靠近循环泵入口集水井处安装一加药箱,先将每天应加入的药量配成稀溶液,用管路引入集水井,将加药阀门开至一定开度,靠药箱液位的自然压力将药加入到循环水系统内,阀门开度调至 24h 内但不小于 12h 内加完。第二天重新配制。其

优点是投资少，操作简单，运行费用低。

3. 压力加药法

此法是在循环水加药间安装加药系统，用加药泵将药品加入到循环水泵出口母管内。其优点是加药均匀。其加药系统如图 11-7 所示。

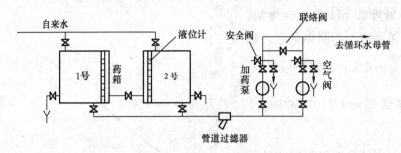

图 11-7　循环水加药系统图

二、运行控制

循环水处理运行控制化验项目如下：

（1）硬度。

（2）钙硬。

（3）碱度。若碱度高，可加 H_2SO_4 调整。

（4）氯化物。即氯根，用于计算浓缩倍率。控制浓缩倍率用排污法或补水溢流法控制。

（5）全磷。控制标准不超过 5mg/L。

（6）有机膦。控制标准不超过 2mg/L。

（7）同时化验补水中下列项目。①硬度；②钙硬；③碱度；④氯化物（Cl^-）。

■ 第六节　循环水水质稳定性判断方法

一、铜管内附着物判断方法

汽轮机在运行中，循环冷却水虽然经过化学处理和胶球清洗，但凝汽器铜管内仍不同程度的存有附着物，所以要进行下列监测：

1. 监视汽轮机参数变化

如果凝汽器铜管内存有不同程度的附着物，要监视如下参数。

（1）汽轮机端差。汽轮机排汽温度与凝汽器循环冷却水出口温度之差叫凝汽器端差，用 δ_t 表示，它是监视凝汽器铜管内有无附着物的主要参数之一。端差降低，发电汽耗增大，成本增加。

δ_t 一般不超过 10℃，小型机组数值略高一点。

（2）凝汽器真空度。如果凝汽器的真空度提高 1%，汽耗可下降 5%。如果凝汽器管内有附着物，会使凝汽器真空度下降。

（3）循环水出、入口温差。正常运行时，凝汽器循环水出、入口温差在 6～8℃，最高 10℃。如果温度太低，证明凝汽器管内有附着物。

2. 冷却系统附着物及相互关系

冷却系统附着物及相互关系如图 11-8 所示。

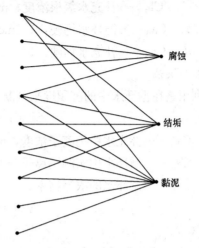

凝汽器热效率下降
凝汽器泄漏
钢管材质下降
铜管堵塞
循环水泵压力升高，流量下降
促进腐蚀
浪费药剂
冷却塔效率下降
微生物污染

腐蚀
结垢
黏泥

图 11-8　冷却系统附着物及相互关系

二、循环水稳定性判断（是否结垢）

在汽轮机运行中，根据运行化验数据判断、分析循环水是否存在结垢倾向，这是化学专业人员的一项经常性的重要工作，常以下列方法进行。

1. 碳酸盐硬度比较法

测定循环水出、入口硬度，进行比较。若循环水入口硬度记作 H_1，出口硬度记作 H_2。

$H_1 \leqslant H_2$　水质稳定，不结垢

$H_1 > H_2$　水质不稳定，结垢

2. ΔA 法判断

以循环水的浓缩倍率与某离子的浓缩倍率之差来判断重碳酸根的分解度，称 ΔA 法。

（1）以循环水钙离子判断。

$$\frac{Cl_A}{Cl_B} - \frac{Ca_A}{Ca_B} = \Delta A$$

$\Delta A \leqslant 0.2$　循环水系统不结垢

$\Delta A > 0.2$　循环水系统结垢

（2）以碱度比较判断。

$$\frac{Cl_A}{Cl_B} - \frac{M_A}{M_B} = \Delta A$$

$\Delta A \leqslant 0.2$　循环水系统不结垢

$\Delta A > 0.2$　循环水系统结垢

（3）以硬度比较判断。

$$\frac{Cl_A}{Cl_B} - \frac{H_A}{H_B} = \Delta A$$

式中　　　Cl_A——循环水氯根浓度，mg/L；

Cl_B——补充水氯根浓度，mg/L；

H_A、M_A、Ca_A——循环水钙硬，1/2moL/L；

H_B、M_B、Ca_B——补充水钙硬，1/2moL/L。

3. ΔCa 法

利用钙在循环水中的沉积度来判断重碳酸根的分解度，称 ΔCa 法。

$$\Delta Ca = Ca_m \cdot \psi - Ca_n$$

式中　Ca_m——补充水中钙离子浓度，mg/L；

Ca_n——循环水中实测钙离子浓度，mg/L；

ψ——循环水的浓缩倍率。

$\Delta Ca > 0$　循环水系统不结垢

$\Delta Ca < 0$　循环水系统结垢

4. 饱和指数判断法（S_I）

饱和指数判断法又称郎格里指数法，即

$$S_I = pH_a - pH_b$$

式中　S_I——饱和指数；

pH_a——循环水运行 pH 值；

pH_b——循环水 $CaCO_3$ 饱和时的 pH 值。

$S_I = 0$　水质稳定，循环水系统不结垢

$S_I < 0$　水质有腐蚀性

$S_I > 0$　循环水系统结垢

5. 循环水中钙维持率和沉积率的计算

（1）钙维持率。

$$x = \frac{Ca_n}{Ca_m \cdot \psi} \times 100\%$$

（2）钙沉积率。

$$x = \frac{Ca_n \cdot \psi - Ca_m}{Ca_n \cdot \psi} \times 100\%$$

6. 极限硬度法

根据循环水极限碳酸盐硬度值进行判断。

$H_B \cdot \psi > H_Q$　循环水系统结垢

$H_B \cdot \psi \leqslant H_Q$　水质稳定，循环水系统不结垢

式中　H_B——补充水硬度，$\frac{1}{2}$mol/L；

H_Q——循环水极限碳酸盐硬度值，1/2mol/L；

ψ——循环水的浓缩倍率。

此法是采用水质稳定剂时的判断方法。

极限碳酸盐硬度的计算方法（第十一章第三节已作介绍），也可用下列经验公式计算

$$H_j = M(a + b - c - d)$$

式中　H_j——使用一定浓度某水质稳定剂（也叫阻垢剂）时循环水所能稳定的极限硬度

值，1/2mol/L；

M——补充水中硬度极限碳酸盐硬度值，1/2mol/L；

a——补充水的硬度系数；

b——与水中镁有关的系数；

c——与水中重碳酸根有关的系数；

d——与水中钙硬有关的系数。

系数 $a \sim d$ 可从表 11-2 中查出代入计算公式计算。公式用于工业冷却水时，再乘以 0.85～0.9 的系数。

表 11-2　　　　　　　　　　有机磷作循环水稳定处理时的各系数值

a 值		b 值		c 值		d 值	
硬度	a	Mg/Ca	b	M/DD	c	Ca/DD	d
1.0	3	0.1	0.12	1.0	0	0.3	−0.5
1.2	2.82	0.2	0	1.1	0.14	0.4	−0.43
1.4	2.64	0.3	0.2	1.2	0.28	0.5	−0.32
1.6	2.47	0.4	0.4	1.3	0.43	0.6	−0.21
1.8	2.46	0.5	0.41	1.4	0.58	0.7	−0.11
2.0	2.45	0.6	0.43	1.5	0.62	0.8	0
2.2	2.44	0.7	0.31	1.6	0.66	0.9	0.08
2.4	2.43	0.8	0.21	1.7	0.7	1.0	0.17
2.6	2.42	0.9	0.11	1.8	0.9		
2.8	2.41	1.0	0.04	1.9	1.1		
3.0	2.4	1.1	−0.08	2.0	1.3		
3.2	2.37	1.2	−0.05				
3.4	2.34	1.3	−0.07				
3.6	2.31	1.4	−0.09				
3.8	2.28	1.5	−0.11				
		1.6	−0.13				
		1.7	−0.14				
		1.8	−0.15				
		1.9	−0.16				
		2.0	−0.17				

7. 水质稳定剂阻垢效率的计算

$$阻垢效率 = \frac{V_1 - V_2}{V_0 - V_2} \times 100\%$$

式中　V_1——加稳定剂后循环水中实测钙离子量，mg/L；

　　　V_2——补充水的极限硬度值，mmol/L；

　　　V_0——补充水钙含量乘以该循环水的实际浓缩倍率。

第十二章　凝汽器铜管有机附着物、腐蚀及防止

■ ## 第一节　凝汽器铜管有机物的附着及防止

一、有机附着物的生成

1. 循环水中有机物和污染物的来源

在火力发电厂的汽轮机凝汽器循环冷却水中，其有机物、污染物的来源主要有以下几个方面造成。

（1）天然水中自然存在的有机物胶体，特别是采用地面水作水源的循环水。例如江河、湖泊、水库水、海水等，都含有大量的悬浮物和有机物胶体，在循环水系统中蒸发、浓缩，含盐浓度是非常高的，有的系统循环水是混浊状态。

（2）自然空气污染并带入大量有机物。因为在凉水塔的冷却过程中，凉水塔是靠自然通风进行冷却的，特别是靠近公路、煤场的凉水塔，随自然空气带入大量污染物和有机物。

（3）细菌微生物的排泄物和生物以类的粪便，以及它们死亡后的遗留物等。

（4）人为污染物。包括加入水质稳定剂后产生的松软泥渣，加入杀菌剂后杀死的细菌、微生物、藻类等。还有人为排入的污水，部分电厂将主厂房等的工业废水作为补水加入到循环水系统中，造成系统中有机物等污染物增多。

以上原因造成循环水系统存在大量有机污染物，它们会在系统流速低的位置，特别是凝汽器内沉积并附着在铜管内，造成铜管结污泥垢和腐蚀。

2. 影响有机附着物形成的因素

（1）温度。温度升高会促进微生物生长，系统中水的有机物含量增多，并会促进污泥垢的形成，使其对铜管的腐蚀速度加快，还会使抗污染药物的活性降低。特别是在循环水系统中，常年温度在 $25\sim35℃$，最适宜微生物、有机物等的繁殖和增长，当它们附着在铜管内以后，凝结水温度会显著升高，冷却效率降低，凝汽器真空恶化，危害极大。

（2）流速。有机物污物的沉积与水的流速和稳定有关，当水的流速低呈平流状态时，有机污染物会很快沉积，特别是会在凝汽器的水室和铜管内形成沉积。

（3）冷却水的悬浮物含量高，沉积物增加；反之则减少。

（4）泥砂含量。当循环冷却水中含有大量泥土和细砂时，会把有机物、污物冲刷带走，减少有机附着物的沉积。

（5）铜管的洁净程度。洁净的铜管内不易附着污染物，结有垢的铜管则较易附着。

二、有机附着物的防止

防止有机附着物的主要方法有如下几种：

（1）加强胶球清洗。在凝汽器循环水出、入口处安装专门的胶球清洗装置。将胶球注入凝汽器循环水入口，因胶球是用与水密度相同的橡胶制成，多孔、能压缩，直径比铜管内径大 1mm，它随循环水流进铜管从另一端流出，把铜管内附着物带出。在循环水的回水管加一滤网收集胶球，在胶球清洗泵的作用下，胶球又返回凝汽器内重新冲刷管内壁。这样，铜管会得到逐根擦洗。

胶球清洗周期一般根据循环水质而定，水质差的一天进行一次，水质好的一周进行一次，操作由汽轮机专业人员负责。

（2）旁流过滤处理。投资大，地方火力发电厂很少采用。

（3）杀菌处理。循环水的杀菌处理一般采用如下方法。

1）添加漂白粉杀菌。

2）氯气杀菌。

3）氯酚杀菌剂。

4）过氧化氯杀菌。

5）季胺化合物杀菌。

详见第二章第二节。

■ 第二节 凝汽器铜管腐蚀及防止

一、铜管腐蚀（国标规定：铜管腐蚀速度每年不超过 0.005mm）

凝汽器铜管的腐蚀与给水或锅炉的钢材腐蚀有很大不同。这是因为铜和钢的化学性质不一样，而且设备接触的水质、温度也有很大差别。铜管的壁厚通常为 1～2mm，当受到腐蚀后，最容易发生穿孔泄漏，造成凝结水水质恶化，如果铜管被全部腐蚀泄漏，将造成重大事故。

1. 铜腐蚀原理

氧或氧化剂的存在是引起铜蚀的必要条件，会发生如下反应

阳极反应 $\qquad\qquad\qquad Cu \rightarrow Cu^{2+} + 2e$

阴极反应 $\qquad\qquad 2H^+ 1\frac{1}{2}O_2 + 2e \longrightarrow H_2O$

$$2H^+ + \frac{1}{2}O_2 + 2e + OH^- \longrightarrow H_2O + 2OH^-$$

$$\frac{1}{2}O_2 + H_2O + 2e \longrightarrow 2OH^-$$

总反应 $\qquad\qquad Cu + \frac{1}{2}O_2 + H_2O \longrightarrow Cu^{2+} + 2OH^-$

2. 腐蚀类型

（1）脱锌腐蚀。黄铜管主要材料为铜和锌，黄铜中的锌被单独溶解的现象叫脱锌腐蚀。

1）脱锌腐蚀原理。黄铜脱锌的原理有两种情况：①铜合金中的锌被选择性地溶解

（锌比铜活泼），使铜管遭受腐蚀；②一开始铜和锌同时被溶解，然后水溶液中的铜离子又与铜管上的锌离子发生置换反应，铜重新镀在铜管上，脱离下来的只是锌。反应如下

阴极反应
$$\frac{1}{2}O_2 + H_2O + 2e \longrightarrow 2OH^-$$

阴极反应
$$Zn \longrightarrow Zn^{2+} + 2e$$

$$\boxed{Zn-Cu}\,❶ \longrightarrow Cu^{2+} + Zn^{2+} + 4e$$

Cu^{2+} 在表面浓集会产生下面置换反应

$$Cu^{2+} + \boxed{Zn-Cu} \longrightarrow 2Cu + Zn^{2+}$$

总反应
$$\frac{1}{2}O_2 + H_2O + \boxed{Zn-Cu} \longrightarrow Zn^{2+} + Cu + 2OH^-$$

2）腐蚀形状。如图 12-1 所示，在淡水中主要是栓状脱锌。

3）造成脱锌腐蚀的条件。①铜管成分。含 Zn 量超过 15% 的铜管易脱锌，铜管含有铁、锰时也易脱锌，含有砷、钛、磷等则不易脱锌。②pH 值。水溶液 pH=7 左右铜管易脱锌。③水流速慢铜管易脱锌。④水温。水温在 60～70℃，铜管脱锌最快。⑤铜管内表面存在附着物或结垢会造成脱锌。

图 12-1　栓状脱锌

（2）沉积物下腐蚀（也叫溃疡性腐蚀）。如图 12-2 所示。

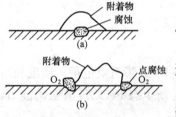

1）因铜管有沉积物存在，造成水的流动性不好而造成腐蚀。见图 12-2（a）。

2）因铜管存有附着物，造成水冲击而产生腐蚀（主要形式是氧浓差电池）。见图 12-2（b）。

（3）应力腐蚀（也叫疲劳腐蚀）主要在制作、运输、安装过程中发生振动，造成铜管应力而腐蚀脆裂。

图 12-2　沉积物下腐蚀

（4）高温腐蚀。例如管壁有沉积附着物，热量不能被带走造成铜管局部温度过高而引起腐蚀。

（5）冲击腐蚀。当铜管内含有气泡水流，因气泡冲击而损伤铜管保护膜后造成腐蚀。

（6）微生物腐蚀。如果铜管内存在大量黏泥，微生物繁殖会造成腐蚀。

二、防止腐蚀的方法

1. 合理选用管材

H68，70—1 锡黄铜，77—2 铝黄铜管，70—1B 锡黄铜（含砷、硼），钛管。

2. 改进运行工况

pH=7.5～8.5 为最好，调整流速。

3. 进行胶球冲洗

4. 向水中添加防腐剂

（1）加锌盐。

---

❶ $\boxed{Zn-Cu}$ 表示铜锌合金基体。

（2）阴极保护法。

（3）添加 MBT 法。MBT 学名 2—巯基苯骈噻唑（俗名苦味酸），分子式为 $C_7H_5NS_2$，呈淡黄色粉末，溶于乙醇、氨水、NaOH 等碱性溶液，一般用 NaOH 溶解（0.5mmol/L NaOH 溶解 1gMBT）

1）防腐原理。在水中，MBT 作为一种弱酸解离成离子态化合物，其分子中有一个电离子 s，还有环硫和环氮基，这三者都能与铜离子形成配位键，与 Cu 形成螯合物，是一种阳极阻垢剂。并极端黏附和高度不溶而存在于铜表面，形成一层防护膜、防止了铜管的腐蚀。注意溶液条件 pH<6 时，其防腐作用会消失。

2）加药量及方法。先用 mmol/L NaOH 溶解，再加蒸馏水稀释后倒入计量箱。控制加药量在大于 0.5mg/L。注意，如果系统中有橡胶，加药后，MBT 会与橡胶反应，消耗MBT。

3）测试方法（比色管法）。先配标准色，1mL 工作液相当于 0.02mg MBT，放入棕色瓶保存。取 50mL 水样于比色管中，分别加入 1mL 0.005mol/L EDTA 和 0.4mL 0.005mol/L 的 I_2 溶液，摇匀，10min 后于黑色背景上垂直比色。

5. 硫酸亚铁镀膜保护法

（1）曝气法。

（2）一次造膜法。新机或检修酸洗后进行（停机状态下）。

（3）运行中造膜法。包括间断加药法；连续加药法。

三、硫酸亚铁连续一次成膜保护

1. 成膜原理

$FeSO_4$ 在水中溶解后，直接被水中溶解氧氧化成 $\gamma\text{-FeOOH}$ 并带有负电荷，密度相对较高。进入铜管后，由于界面电位的关系，铜壁上的 CuO 对新生态 FeOOH 有吸附能力，便形成了 $\gamma\text{-FeOOH}$ 保护膜。反应如下

$$2Fe^{2+}+4OH^-+\frac{1}{2}O_2 \longrightarrow 2FeOOH+H_2O$$

2. $\gamma\text{-FeOOH}$ 膜的结构（经分析）

第一层（最外层）　黄色水合氧化铁（Fe_2O_2OH），呈粉末状，易擦掉。

第二层（中间）　暗褐色水合氧化铁（$Fe_2O_3 \cdot xH_2O$），致密，擦不掉。

第三层（内层）　主要是由 CuO 组成。

各种结构膜的颜色：α 型 FeOOH——黄色

　　　　　　　　　β 型 FeOOH——淡棕色

　　　　　　　　　γ 型 FeOOH——桔红或暗褐色

3. 对膜的质量要求

（1）均匀。膜应均匀致密，无麻点、阴、阳面，并呈桔红色。

（2）阻抗大。膜电阻越大越好。

（3）抗腐蚀。用 0.5mmol/L HCl，滴蚀时间超过 60s 为优，不足 30s 为劣。

（4）附着力强。要求成膜牢固（用胶布沾好后用力猛揭看是否脱落）。

4. 造膜条件

(1) FeSO₄浓度。含 $FeSO_4 \cdot 7H_2O$ 250～500mg/L，或含 Fe^{2+} 50～100mg/L。

(2) 溶液 pH=7.2～7.6（用 NaOH 调整）。

(3) 溶液温度。大于 20℃，小于 40℃。

(4) 循环水流速。为 0.1～0.3m/s。

(5) 循环时间。连续加药（也可在运行中进行）时间超过 96h。

(6) 造膜期间停止加杀菌剂。

(7) 铜管内必须洁净，运行中凝汽器最好清洗后立即进行。

(8) 必须进行胶球清洗配合，一天清洗一次。

5. 造膜方法

造膜方法如图 12-3 所示。按循环总量计算出应加浓度，先将 $FeSO_4$ 在药箱配成稀溶液后连续加入到凝汽器入口，并控制循环水浓度。

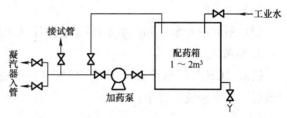

图 12-3 造膜方法

■ 第三节 铜管检测及退火处理

一、凝汽器大修检测

(1) 外观检查

(2) 抽管检查、附着物、应力试验记录并写出检测报告。不同铜络合物的颜色见表 12-1，供参考。

表 12-1 不同铜络合物的颜色

铜络合物	颜色	铜络合物	颜色	铜络合物	颜色	铜络合物	颜色
纯铜	紫色	CuO	黑色	$Cu(OH)_2$	蓝色	Cu_2O	红色
$Cu_2(OH)_2CO_3$	绿色	CuCN	白色	$Cu_2(OH)_2$	黄色	$Cu(CN)_2$	黄色

二、铜管应力试验

1. 硝酸亚汞法

将试样浸入硝酸亚汞溶液中，浸泡 2h，取出洗净。用 5 至 10 倍放大镜观察其表面有无裂缝，或自 1m 高处自然落地（水泥地）听声音是否清脆，不清脆则说明有应力。

溶液配制：硝酸亚汞 1148，硝酸 13mL，除盐水 1000mL。

2. 氨蒸法

取试样数段（每段 5～7cm 长），先用 1：1 硝酸溶液清洗，用纯水冲洗，晾干勿擦。放在（下部）盛有氨水的干燥器内（不接触氨液），盖严干燥器盖，放置 24h，取出用水冲洗后，观察其表面有无裂纹，或听从 1m 高自由落地（水泥地）的声音判断，声音清脆且无裂纹，则表明无应力；若声音不清脆，并有很多裂纹，证明存在应力。

氨液配制：NH_4Cl 170g，溶于 1000mL 水中，用 NaOH 调节 pH=10。

三、铜管的退火处理

如果铜管存在应力，应进行退火处理方可使用。退火处理方法是将铜管放入炉内（退火炉）或密闭容器内通入（过热）蒸汽，温度控制在 400～410℃，2h 后停汽在炉内自然慢慢降温（不要立即取出），6～8h 后取出。

四、退火后铜管酸洗

1. 硫酸洗

（1）浓度为 30％左右的 H_2SO_4 常温浸泡清洗。

（2）水冲洗。

（3）用酸渣片水　3m³ 水＋15kg 酸渣片（先用开水泡后倒入水中）

2. 铬酸洗

铬酸（$CrCl_3$ 三氯化铬）10％＋硫酸（占铬酸的 10％，配好溶液后，将铜管放入常温浸泡后，用水冲洗，晾干。

附录　pH 值与 pNa 值的测定

测 pH 值就是对水溶液中 $[H^+]$ 浓度取以 10 为底的负对数值，即 $pH = -\lg [H^+]$。因为水溶液中测定的 $[H^+]$ 浓度都小于 1，取其对数则为"一"值，不便记，故人为规定取其"负"对数值，较为方便。

例如：$[H^+] = 1\text{mol/L}$　　$pH = -\lg 1 = 0$

　　　$[H^+] = 10^{-5}\text{mol/L}$　　$pH = -\lg 10^{-5} = 5$

　　　$[H^+] = 10^{-10}\text{mol/L}$　　$pH = -\lg 10^{-10} = 10$

在水溶液中 $[H^+]$、$[OH]^- = 10^{-14}$ 即 $pH + pOH = 14$。水溶液：

pH = 7 时，显中性；

pH < 7 时，显酸性，越低酸性越强；

pH > 7 时，显碱性，越高碱性越强。

水中 Na 离子浓度同理，即：

$pNa = 1$　　$[Na^+] = 0.1\text{mol/L} = 0.1 \times 2.3 \times 1000 = 2.3\text{g/L}$

$pNa = 4$　　$[Na^+] = 10^{-4}\text{mol/L} = 0.0001 \times 2.3 \times 1000 = 2.3\text{mg/L}$

pNa_6　　测得 $23\mu\text{g/L}$

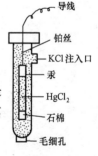

附录图 1　甘汞电极

pH 值的测定用甘汞电极，其结构如附录图 1 所示。甘汞电极特性是其电极电位稳定。易溶化合物 kCl 和难溶化合物 $HgCl_2$ 有一个共同阴离子 Cl^-，能发生可逆反应。其反应为

$$Hg^+ + 2Cl^- \rightleftharpoons HgCl_2 + 2e$$

甘汞电极的缺点是受温度变化影响较大，温度上升 1℃，其电极电位可降低 0.65mV；上升 10℃ 时，其电极电位可降低 6.5mV，pH 值约相差 0.1。所以，甘汞电极要进行温度较正或温度补偿。

玻璃电极的结构如附录图 2 所示，其工作原理是当玻璃电极插入水溶液中，由于玻璃球薄膜两侧 H^+ 浓度不同，H^+ 穿过薄膜发生离子传递，在膜的两侧则建立了不平衡电位，一般相差 1~30mV。

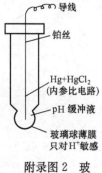

附录图 2　玻璃电极

pH 计的工作原理是用电位法测定溶液的 pH 值，用一对电极（甘汞电极和玻璃电极）在不同 pH 值的溶液中产生不同的直流 mV 电位，将此电位输入到表计后，经过放大处理，指示出 pH 值大小。

pNa 计是用甘汞电极和 pNa 电极（玻璃电极对 Na^+ 敏感）测定溶液中 Na^+ 浓度，原理相同，但在使用时要调 pH > 10，这是因为在测定时，由于 H^+ 和其他一价离子的干扰，所以要向溶液中加二异丙胺碱，使溶液中的 H^+ 含量减少，使 $[Na^+] \geq [H^+]$ 100 倍以上，消除 H^+ 的干扰。

附表　低压锅炉水质标准

锅炉压力 （MPa）	总碱度 （mol/L）	含盐量（溶固） （mg/L）	pH 值	PO_4^{3-} （mg/L）
<1.0	≤22	<4000	10～12	
1.0～1.6	≤20	<3500	10～12	10～30
1.6～2.5	≤14	<3000	10～12	

注　溶解固形物（含盐量）可通过测炉水氯根确定，[Cl⁻]×7.5＝含盐量；也可通过测电导率得到，1μS/cm 相
当于含盐量为 0.85mg/L。

参 考 文 献

1　武汉水利电力大学．施燮钧，王蒙聚，肖作善．热力发电厂水处理（上下册）：第3版．北京：中国
　　电力出版社，1996.5
2　山西省电力工业局．全国火力发电工人通用培训教材　电厂化学设备运行（初中高级工）．北京：中
　　国电力出版社，1997.2
3　冯逸仙，杨世纯．反渗透水处理工程．北京：中国电力出版社，2000

推 荐 书 目

《防止电力生产事故的二十五项重点要求及编制释义和辅导教材》

《国家标准〈电力（业）安全工作规程〉条文对照本、条文解读本、辅导教材、考核题库、案例解剖本、问答》（热力和机械部分、发电厂和变电站电气部分、电力线路部分、高压试验室部分共 25 册）

《火力发电生产典型异常事件汇编》《发电企业安全生产标准化建设实施指南》

《本质安全型发电企业安全风险控制指导手册（火力发电分册）》

《本质安全型发电企业管理体系规范》《火力发电企业安全性评价标准》

《火力发电企业安全性评价标准查评依据》（安全管理分册、生产设备分册）

《火电厂安全生产系列读本》（运行事件及预防、汽轮机设备事件及预防、锅炉设备事件及预防、电气设备事件及预防、电气设备事件及预防、热控设备事件及预防、外围设备事件及预防共 6 册）《电力生产安全管理规定汇编》

《火力发电厂超（超）临界机组设计》《电厂信息系统规划与设计》

《1000MW 超超临界火电机组技术丛书》（锅炉设备及系统、汽轮机设备及系统、电气设备及系统、热工自动化、电厂化学、环境保护共 6 册）

《1000MW 超超临界火电机组运行技术丛问答》（锅炉运行、汽轮机运行、电气运行、辅控运行共 4 册）《大型直接空冷汽轮机组运行与维护技术》

《超超临界火电机组培训系列教材》（共 4 册）《火力发电厂化学监督技术》

《火电厂生产岗位技术问答》（共 11 册）《火电厂能耗指标分析手册》

《解决电厂疑难问题的金钥匙》（汽轮发电机组振动诊断、电厂水处理、电煤采制样及应用、超临界机组金属高温蒸汽氧化、汽轮机设备故障诊断与预防、燃煤锅炉卫燃带设计与优化共 6 册）《汽轮发电机组的振动及现场平衡》

《电力行业节能减排法规政策选编》《电力行业节能减排标准条文选编》

《电力企业新员工必读》（电力安全知识读本、电力生产知识读本、企业文化建设读本、职业公共知识读本共 4 册）《〈火电厂大气污染物排放标准〉分析与解读》

《电力系统水处理和水分析人员资格考核用书》（电力系统水处理培训教材、电力系统水分析培训教材、电力系统水处理事故案例分析、电力系统水分析事故案例分析共 4 册）《火电厂热力设备化学清洗培训教材》《光伏发电与并网技术》

《火力发电厂化学技术丛书》（火力发电厂用煤技术、火力发电厂用水技术、火力发电厂用油技术共 3 册）《电力设备用矿物绝缘油中腐蚀性硫防护技术》